"十二五"国家重点图书出版规划项目

先进制造理论研究与工程技术系列

EXPERIMENTS FOR MECHANICAL ENGINEERING

机械基础实验

张 锋 主编　陈铁鸣 主审

哈尔滨工业大学出版社
HARBIN INSTITUTE OF TECHNOLOGY PRESS

内 容 简 介

　　"机械基础实验"是高等工科院校核心课程"机械原理""机械设计"和"机械设计基础"实践环节的重要组成部分，对于贯彻落实"以学生为中心，学生学习与发展成效驱动"的教育教学理念，突出"厚基础，强实践，严过程，求创新"的人才培养特色有着重要的作用，是培养学生综合设计能力、工程实践能力、科学实验能力、创新能力、动手能力和团队合作能力必不可少的过程。本书按照教学体系分为基本型实验、综合型实验和综合创新型实验三大类实验。内容主要包括：机构运动简图测绘与分析实验、渐开线齿轮范成原理实验、渐开线齿轮参数测定实验、机器组成及典型机械零部件认识与分析实验、带传动实验、滑动轴承实验、减速器拆装实验、刚性转子动平衡设计与实验、轴系部件设计与分析实验、摩擦磨损与润滑实验、机械系统运动方案及结构分析实验、典型机械拆装与分析实验、典型机构运动学仿真与验证、典型机械部件设计组装与测试实验和一般机械运动方案设计与实现等。

　　本书的重要知识点均配有二维码，扫描二维码可以看到视频、图片、word 文件和 PPT 文件。

　　本书可作为高等工科院校机械类、近机类及其他专业"机械原理""机械设计"和"机械设计基础"课程的实验教材，也可作为相关人员进行教学、科研及实际工作的参考书。

图书在版编目（CIP）数据

　　机械基础实验 / 张锋主编. — 哈尔滨：哈尔滨
工业大学出版社，2017.8（2023.1 重印）
　　ISBN 978-7-5603-6663-0

　　Ⅰ.①机… Ⅱ.①张 … Ⅲ.①机械学-实验-高等
学校-教材 Ⅳ.①TH11-33

　　中国版本图书馆 CIP 数据核字（2017）第 111823 号

策划编辑　王桂芝　张　荣
责任编辑　张　荣　王桂芝
出版发行　哈尔滨工业大学出版社
社　　址　哈尔滨市南岗区复华四道街 10 号 邮编 150006
传　　真　0451-86414749
网　　址　http://hitpress.hit.edu.cn
印　　刷　哈尔滨市工大节能印刷厂
开　　本　787mm×1 092mm　1/16　印张 9.5　字数 206 千字
版　　次　2017 年 8 月第 1 版　2023 年 1 月第 3 次印刷
书　　号　ISBN 978-7-5603-6663-0
定　　价　25.00 元

（如因印装质量问题影响阅读，我社负责调换）

前　言

　　哈尔滨工业大学机械基础实验中心具有悠久的历史，1952年在苏联专家的帮助下建立了相当规模的教学实验室，当时就对国内本课程实践环节的示范和推广起到了良好的作用。65年来，实验中心不断发展和提高，在教学工作中取得了丰硕的成果：1999年获批世界银行贷款"高等教育发展"项目；2003年通过黑龙江省普通高等学校"双基"实验室评估；2005年获批"国家工科基础课程教学基地"；2006年获批国家级"机械工程实验教学示范中心"；2008年获批国家级"机械基础系列课程教学团队"。实验中心多年来以学生的能力培养为核心，在实验环节注重学生的动手能力、创新能力和团队合作能力的培养；结合理论课教学和教师的科研成果开发了一大批实验设备用于本科生教学，并且不断改进提高，其中的滑动轴承实验台已经发展到第四代产品。

　　随着"工业4.0"和"中国制造2025"的提出，面向国家需要的关键零部件的智能设计和智能制造，成为培养学生的重要目标。实验中心对教学体系、教学内容进行了调整，加大了预习力度，把重要的知识点做成二维码编入本书，二维码包括视频、图片和文本。并完成MOOC网站的制作，为学生预习和复习提供更多的资源。同时开发了融入智能元素来满足学生个性化培养和加强团队合作精神的新实验。

　　本书共分4章，由张锋任主编，陈铁鸣任主审。参加编写的还有杨清香、孙厚涛、刘占山、宋宝玉、丁刚、梁风和高石，由杨清香完成了全书图稿的整理工作，孙厚涛完成CAD图的绘制工作。

　　在成书过程中得到了哈尔滨工业大学于红英教授的大力支持，在此深表谢意。

　　限于作者水平，书中难免存在疏漏和不妥之处，敬请读者批评指正。同时欢迎兄弟院校一起交流实验教学的心得，共享研究成果。

编　者

2017年5月

目　　录

第1章 绪 论

1.1 机械基础实验课程的重要性

机械基础实验既是机械原理、机械设计和机械设计基础三门技术基础课的配套实验，又是培养学生的工程意识、创新精神和综合设计能力，具有完整体系的一个综合实践平台，工程教育专业认证中要求工程实践与毕业设计（论文）至少占总学分的 20%，要设置完善的实践教学体系，培养学生的工程意识、协作精神以及综合应用所学知识解决实际问题的能力。还有些国家甚至要求实践教学环节占总学分的 40% 左右。实验是实践教学的重要组成部分。它不仅是获得知识的重要途径，而且对培养学生的实际工作能力、科学研究能力和创新能力具有十分重要的作用。

机械工程学科是实践性很强的学科，而实践性教学环节在培养学生的科学思维、创新意识和提高学生的综合能力方面是课堂理论教学所无法替代的。

机械工程实验的水平在一定程度上标志了一个国家的机械工业水平。因此，在我们的教学中，必须十分重视对机械专业学生的实验知识和技能的培养，进而提高机械设计的能力，满足工业 4.0、中国制造 2025 对毕业生提出的新要求。

机械专业的培养目标是适应科学技术进步和社会经济发展所需要的，具有优良的思想素质、科学素质和人文素质，具备宽厚的机械工程基础知识及应用能力、创新意识、组织协调能力和具有国际视野、爱国敬业、诚信务实、身心健康，具有面向智能装备系统从事机电产品的设计与制造、应用研究、科技开发及运行管理等方面工作能力的一流工程技术人才。机械基础实验给下面几条培养要求提供了有力的支持。

（1）能够设计针对复杂工程问题的解决方案，设计满足特定需求的机械系统、单元（部件）或工艺流程，并能够在设计环节中体现创新意识，全面考虑社会、健康、安全、法律、文化以及环境等因素。

（2）能够基于科学原理并采用科学方法对复杂工程问题进行研究，包括设计实验、分析与解释数据，并通过信息综合得到合理有效的结论。

（3）能够针对复杂机械工程问题，开发、选择与使用恰当的技术、资源、现代工程工具和信息技术工具，包括对复杂机械工程问题的预测与模拟，并能够理解其局限性。

（4）能够基于工程相关背景知识进行合理分析，评价专业工程实践和复杂工程问题的解决方案对社会、健康、安全、法律以及文化的影响，并理解应承担的责任。

（5）能够理解和评价针对复杂工程问题的工程实践对环境、社会可持续发展的影响。

培养和训练具有解决科学问题能力和综合实践能力的人才要比培养单纯接受知识的学生重要得多。在机械类学科建设一个综合设计性和创新性实验平台，对培养和提高学生的创新意识和综合实践能力具有重要的作用。

1.2 机械基础实验课程的培养目标

机械基础实验主要培养学生以下技能：

（1）了解机械工程领域实验的常用工具、仪器、设备和实验方法，具有熟练使用相关工具，操作实验仪器、设备系统的基本技能。

（2）具有利用测试设备、仪器进行采集、分析和处理实验数据和实验结果的能力。

（3）学会对实验结果进行分析，不仅能够按照实验步骤完成实验，同时考虑现有的实验方法和实验设备是否是最优的，如果需要改进，应该采用什么方法。

（4）养成观察、分析事物和现象的习惯，综合思考，勇于创新。

（5）提高自学能力，通过实验前的预习和实验过程的动手实践，独立思考，培养科学实验的能力。

（6）培养学生的团队协作精神，合理分工，通过讨论共同提高。

1.3 机械基础实验课程的主要内容

机械基础实验课程主要包括三方面的内容，第一类是基本型实验，是课堂理论知识的验证性实验，包括机构运动简图测绘与分析实验、渐开线齿轮范成原理实验、渐开线齿轮参数测定实验、机器组成及典型机械零部件认识与分析实验、带传动实验、滑动轴承实验和减速器拆装与分析实验；第二类实验是综合型实验，是课堂理论知识的延展性实验，包括刚性转子动平衡设计与试验、轴系部件设计与分析实验、摩擦磨损与润滑实验、机械系统运动方案及结构分析实验；第三类实验是综合创新型实验，包括典型机械拆装与分析实验、典型机构运动学仿真与验证、典型机械部件设计组装与测试实验和一般机械运动方案设计与实现等。

1.4　机械基础实验课程的要求

1. 实验预习

在上实验课前，必须认真预习实验指导书（可以扫描二维码或上 MOOC 网站），了解实验的目的、实验用仪器设备的结构及工作原理、实验操作步骤，复习与实验相关的理论知识。

2. 实验过程

（1）按时上、下课，不得迟到、早退和旷课。

（2）上课前请做好签到。

（3）上课时要认真回答教师提问，要虚心接受教师的指导。同时注意跟同组同学的沟通交流，培养团队协作精神。

（4）遵守学生实验守则，精心操作，注意安全。

（5）要注意观察，认真分析，准确地记录实验原始数据，并经指导教师检查和签字。

（6）实验结束后要及时关掉电源，对所用仪器设备进行整理，恢复到原始状态。

（7）经指导教师允许后方可离开。

3. 撰写实验报告

（1）实验报告要写在实验中心统一编写的规范模板中。

（2）实验报告由封皮和正文组成，要装订成册（装订线在左侧），封皮由教务处统一印制。正文的内容一般应包括实验目的、实验仪器设备及其工作原理、实验步骤、实验原始数据、实验结果与分析等内容。

（3）书写要工整，曲线要画在坐标纸上，采用曲线板绘制。

（4）对实验结果要进行误差分析。

希望同学们认真执行上述规定，并遵守实验中心的各项制度，爱护公物，保持环境卫生，养成良好的工作习惯。

哈尔滨工业大学机械基础实验中心是面向全校开放的技术基础课教学实验室，位于机械楼四楼 4001～4009，是国家级机械基础系列课程教学团队、国家工科机械基础教学基地、国家级机械工程示范中心的重要组成部分，获得世界银行贷款资助，通过了黑龙江省教育厅组织的"双基"实验室合格评估。本中心拥有一支综合素质优良、敬业爱岗、团结合作的教学队伍，有各种仪器设备（≥800 元/件）800 多台件，承担机械原理、机械设计和机械设计基础等课程的实验教学任务，可开设实验 20 余项。机械基础实验中心坚持"培养学生为中心，用开放式的管理和分层次的实验内容，使学生可以充分利用实验中心的条件，进行课内外学习、实验研究和科技创新活动"的指导思想，培养学生的创新精神和综合实践能力。机械基础实验中心全天对同学们开放，欢迎同学们到实验中心来！

第2章　基本型实验

2.1　机构运动简图测绘与分析实验（机械类）

2.1.1　实验目的

通过对实际机械的测绘和结构分析，掌握绘制机构运动简图的方法，学会在设计新机械时使用机构运动简图表达新机械的运动方案。

2.1.2　实验预习内容

（1）机构组成要素。

（2）机构自由度及其计算。

（3）机构具有确定运动的条件。

（4）运动副图形符号（参见国家标准 GB/T 4460—1984），常用运动副模型及符号见表2.1，常用机构运动简图符号见表2.2。

表2.1　常用运动副模型及符号

名称	图形	简图符号	副级	自由度
球面高副			Ⅰ	5
柱面高副			Ⅱ	4

续表 2.1

名称	图形	简图符号	副级	自由度
球面低副			III	3
球销副			IV	2
圆柱套筒副			IV	2
转动副			V	1
移动副			V	1
螺旋副			V	1

表 2.2　常用机构运动简图符号

	两运动构件形成的运动副			两运动构件之一为机架时所形成的运动副		
转动副						
移动副						
齿轮机构	外啮合齿轮	内啮合齿轮		圆锥齿轮		蜗轮蜗杆
凸轮及其他机构	凸轮机构	棘轮机构		带传动		链传动
其他常用符号	机架	轴杆		构件组成部分与轴（杆）的固定连接		
	构件组成部分的永久连接			二副元素构件	三副元素构件	

2.1.3 实验设备及用品

（1）实验设备：缝纫机、码边机和插齿机床，如图 2.1 所示。

（2）实验用品：白纸、铅笔、橡皮、直尺、圆规等（自备）。

（a）缝纫机　　　　　　（b）码边机　　　　　　（c）插齿机床

图 2.1　实验设备

2.1.4 实验原理及方法

1. 实验原理

无论是对现有机构进行分析，还是设计新的机械，人们都需要利用一种工程语言将其分析或设计的思想表达出来，尤其是在设计新机械的运动方案以及对组成新机械的各种机构做进一步的运动及动力设计与分析时更是如此。从机械的原理方案设计的角度看，机构能否实现预定的运动规律以满足机械的功能需求，是由原动件的运动规律、机构中各运动副的类型和各运动副间的相对位置尺寸（即机构的运动尺寸）所决定的，而与构件的具体结构、外形（高副机构的轮廓形状除外）、断面尺寸、组成构件的零件数目及固连方式等无关。因此，可用国家标准规定的简单符号和线条代表运动副和构件，并按一定的比例尺表示机构的运动尺寸，绘制出表示机构的简明图形。这种用以表示机构运动传递情况的简明图形称为机构运动简图。

若只是为了表明机械的组成状况和机构特征，也可以不严格按比例来绘制机构运动简图，这样的简图通常称为机构示意图。

2. 实验方法

（1）分析机构的运动情况，判别运动副的性质。

通过观察和分析机构的工作原理、实际组成和运动情况，确定组成机构的各个构件，识别出原动件和执行构件。

通过机构缓慢运动，然后循着运动传递的路线，逐一分析每两个构件间相对运动的性质，弄清各个构件之间组成的运动副类型、数目及各运动副的相对位置。

（2）恰当地选择机构运动简图的视图平面。

选择视图平面应以能简单、清晰地把机构的运动情况表示清楚为原则。一般选机构中多数构件的运动平面为投影面，必要时也可以就机械的不同部分选择两个或多个投影面，然后将其展示到同一平面上。

例如，如图 2.2 所示的复合铰链，从图 2.2（a）来看，构件 1、2 和 3 由同一个转动副连接在一起。而由运动副的定义，一个运动副只能连接两个构件，而且这种连接是可动连接，所以，构件 1、2 和 3 不可能由同一个转动副连接在一起。在图 2.2（b）所示的投影面内明显可以看出，构件 1 和 3 由一个转动副连接在一起，构件 2 和 3 由另一个转动副连接在一起，只是由于这两个转动副的轴线重合，所以在图 2.2（a）所示的投影面内看起来似乎只有一个转动副。仅从图 2.2（a）来看，容易使人产生误解，如果机构很复杂，此类问题对机构分析也会带来麻烦。因此，有时就机械的不同部分选择两个或多个投影面然后将其展示到同一平面上是非常必要的。

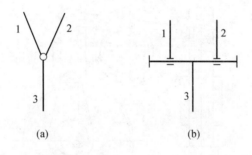

图 2.2　复合铰链

（3）选择适当的比例尺。

根据机构的运动尺寸，应选择适当的比例尺。首先确定出各个运动副的位置（如转动副的中心位置、移动副的导路方位及高副接触点的位置等），并画上相应的运动副符号，然后使用简单的线条和规定的符号画出机构运动简图。从原动件开始，按传动顺序标出各个构件的编号和运动副的代号。在原动件上标出箭头以表示其运动方向。

在特殊情况下，同一机构中的不同构件可以采用不同的比例尺。

（4）计算机构自由度并判断该机构是否具有确定运动。

在计算机构自由度时要正确分析该机构中活动构件的数目以及运动副的类型与数目。并在图上指出机构中存在的局部自由度、虚约束及复合铰链，在排除了局部自由度和虚约束之后，再利用公式计算机构的自由度，检查计算的自由度数是否与原动件数目相等，以判断该机构是否具有确定运动。

2.1.5 实验举例

1. 小型压力机

下面以图 2.3 所示的小型压力机为例，按照上述实验方法与步骤来绘制该机构的运动简图，并计算其自由度。

首先，分析机构的组成、工作原理和运动情况。由图 2.3 可以看出，该机构由偏心轮 1，齿轮 1′，杆件 2、3、4，滚子 5，槽凸轮 6，齿轮 6′，滑块 7，压杆 8，机座 9 组成。其中，齿轮 1′和偏心轮 1 固连在转轴 O_1 上，为同一个构件；齿轮 6′和槽凸轮 6 固连在转轴 O_2 上，为同一个构件。显然，该机构由九个构件组成，其中机座 9 为机架。运动由偏心轮 1 输入（即构件 1-1′为原动件），分两路传递：一路由偏心轮 1 经杆件 2 和 3 传至杆件 4；另一路由齿轮 1′经齿轮 6′、槽凸轮 6、滚子 5 传至杆件 4。两路运动经杆件 4 合成，由滑块 7 传至压杆 8，使压杆 8 上下移动，实现冲压动作（即构件 8 为执行构件）。

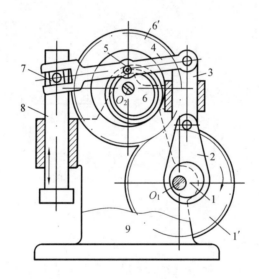

图 2.3　小型压力机结构示意图

1—偏心轮；1′，6′—齿轮；2，3，4—杆件；5—滚子；6—槽凸轮；7—滑块；8—压杆；9—机座

其次，分析各连接构件之间相对运动的性质，确定各个运动副类型。由图 2.3 可知，机座 9 和构件 1-1′、构件 1 和 2、2 和 3、3 和 4、4 和 5、6-6′和 9、7 和 8 之间均构成转动副；构件 3 和 9、8 和 9、7 和 4 之间分别构成移动副；而构件 1′和 6′、5 和 6 之间分别形成平面高副。

然后，选择视图投影面和比例尺 μ_1，测量各个构件尺寸和各个运动副间的相对位置，使用表达构件和运动副的规定简图符号绘制出机构运动简图。并在原动件 1-1′上标出箭头以表示其转动方向，如图 2.4 所示。

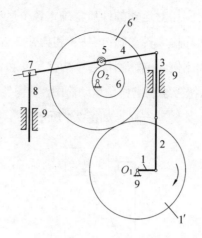

❋ 小型压力机机构运动

图 2.4 小型压力机机构运动简图

最后，进行机构自由度的计算，由于其是一平面机构，其自由度公式为

$$F=3n-(2P_L+P_H)$$

式中　　n——活动构件数目；

　　　　P_L——低副个数；

　　　　P_H——高副个数。

图 2.4 所示的小型压力机的活动构件数目 $n=8$，低副个数 $P_L=10$，高副个数 $P_H=2$。

显然，$F=2$。但是由于构件 5 和 6 之间存在 1 个局部自由度，在计算机构自由度时应该予以去除。所以，机构的自由度 $F=1$。

2. 十字滑块联轴器

下面以图 2.5 所示的十字滑块联轴器为例，按照上述实验方法与步骤来绘制该机构的运动简图，并计算其自由度。

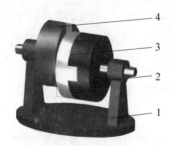

图 2.5 十字滑块联轴器结构示意图

1—机架；2，4—滑块；3—十字滑块

首先，分析机构的组成、工作原理和运动情况。由图 2.5 可以看出，该机构由滑块 2、十字滑块 3、滑块 4 和机架 1 组成。运动由构件 2 经构件 3 传递至构件 4。

其次,分析各连接构件之间相对运动的性质,确定各个运动副类型。由图 2.5 可知,机架 1 和构件 2 以及构件 4 之间均构成转动副;构件 3 和构件 2 以及构件 4 之间均构成移动副。

然后,选择视图投影面和比例尺 μ_l,测量各个构件尺寸和各个运动副间的相对位置,用表达构件和运动副的规定简图符号绘制出机构运动简图。由构件 3 的具体结构可知,$\beta = 90°$。在原动件 2 上标出箭头以表示其转动方向,如图 2.6 所示。

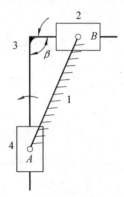

图 2.6　十字滑块联轴器机构运动简图

最后,进行机构自由度的计算。

$$F = 3n - 2P_\mathrm{L} - P_\mathrm{H}$$

其中,活动构件数目 $n = 3$,低副个数 $P_\mathrm{L} = 4$,高副个数 $P_\mathrm{H} = 0$。

显然,$F = 1$。

2.1.6　实验设备及提示

本实验设备为插齿机、缝纫机和码边机等,实验提示如下。

❈　插齿机运动过程

1. 绘制插齿机机构运动简图时注意事项

(由于插齿机的构件较多,如果采用一个视图表示,有些构件被挡住而无法看清,因此可以选择两个及两个以上的视图表示,然后展开到同一平面上。)

按照插齿机的工作原理,分析它具有如下运动。

(1)主体运动:为切出齿轮全部宽度上的轮齿,插齿刀中心线与被加工工件中心线相平行做垂直往复运动。

(2)圆周进给运动:为了使插齿刀的每个齿都参与切削,插齿刀需绕刀具中心线做回转运动。

(3)分齿运动:为切出完整齿轮,插齿刀和工件如同一对相互啮合的齿轮一样,工件随插齿刀按一定速比做回转运动。

(4)径向进给运动:在切齿开始时由于插齿刀不能直接切入全齿,工件需做径向切入运动。

（5）让刀运动：在插齿刀退刀时为使已切出的齿面不被损伤，插齿刀要做让刀运动。

2. 绘制缝纫机机构运动简图时注意事项

（1）选择垂直于主轴的面为投影面，并在分析机构运动时要注意构件的微小运动，分别按照每一个运动的传递路线从原动件找到执行件。

（2）缝纫机为实现其功能，具有以下的机构：

① 曲柄摇杆机构与带传动，用以驱动主轴转动；

② 挑线机构、针杆引线机构及梭心摆动机构，用以实现底线与面线打结；

③ 送布机构，用以推动被缝纫物件前进。

3. 绘制码边机机构运动简图时注意事项

（1）码边机按照功能可分为机针缝线机构、弯针缝线机构、送布机构和切布机构。

（2）由于码边机的结构非常紧凑，要注意观察构件的微小运动。

（3）机器主轴有 3 个固连在一起的曲柄分别传递 3 个运动。请仔细观察曲柄的位置，分别按照运动传递的路线从原动件找到执行件。

（4）在码边机中，含有球面低副和球销副的机构是空间机构，空间机构自由度计算式为

$$F = (6-m)n - \sum_{i=m+1}^{5}(i-m)P_i$$

式中 n ——活动构件数目；

　　　　P_i——i 级运动副的数目；

　　　　i——i 级运动副的约束数目，$i=1$，2，3，4，5；

　　　　m——公共约束数目。

例如：试确定图 2.7 所示自动驾驶仪操舵装置空间四杆机构的自由度。

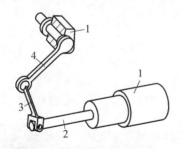 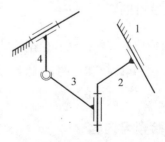

（a）自动驾驶仪操舵装置空间四杆机构示意图　　（b）自动驾驶仪操舵装置空间四杆机构运动简图

图 2.7　自动驾驶仪操舵装置空间四杆机构

1—机架；2—活塞；3—连杆；4—摇杆

解：此机构的活塞 2 相对固定气缸 1 运动，通过连杆 3 使摇杆 4 在机架 1 的轴承内转动。其中构件 1 和 2 组成圆柱副，构件 2 和 3、构件 4 和 1 分别组成转动副，构件 3 和 4 组成球面副，此空间机构的示意图如图 2.7（b）所示。因 $n=3$，$P_5=2$，$P_4=1$，$P_3=1$，且无公共约束，故得 $F=6n-5P_5-4P_4-3P_3-2P_2-P_1=6\times3-5\times2-4\times1-3\times1=1$，说明此空间机构需要一个原动件即可保证具有确定运动。

2.1.7　实验要求

（1）在插齿机、缝纫机和码边机中任选一种，画出其机构运动简图并分析其功能和如何实现该功能。

（2）完成的机构运动简图草图，须经指导教师签字，并附在实验报告中。

2.1.8　实验报告内容与要求

（1）实验目的。

（2）实验步骤（简述）。

（3）测绘设备名称。

（4）机构运动简图。

（5）计算机构自由度并判断该机构是否具有确定运动。

（6）分析自己测绘的机器都有哪些功能以及如何实现该功能（文字叙述）。

（7）从实现功能要求出发，对自己测绘的机器提出另一种机构方案并画出机构运动简图（对某一部分亦可）。

（8）机构运动简图草图。

2.2　机构运动简图测绘与分析实验（近机类）

2.2.1　实验目的

（1）掌握根据实际机器和模型的结构绘制机构运动简图的方法。

（2）掌握和巩固机构自由度计算方法。

（3）学会运用机构运动简图对已有机构进行运动分析，并判断其是否具有确定运动。

2.2.2　实验预习内容

（1）什么是机构？机构组成要素是什么？

（2）什么是机构运动简图？机构运动简图应说明哪些问题？

※　机构运动简图

（3）什么是机构自由度？机构自由度应如何计算？

（4）了解机构运动简图符号的画法（表 2.2）。

2.2.3　实验设备及用品

（1）实验设备：缝纫机实机、减速器模型、轮系模型以及各种简易模型，如图 2.8 所示。

（a）缝纫机实机　　　　　　　　　　　　（b）减速器模型

（c）轮系模型　　　　　　　　　　　（d）各种简易模型

图 2.8　实验设备

（2）实验用品：白纸、铅笔、橡皮、直尺、圆规等（自备）。

2.2.4　实验方法及步骤

1. 分析机构的运动情况，判别运动副的性质

通过观察和分析机构的运动情况和实际组成，先理清楚机构的原动部分和执行部分，使其缓慢运动，然后沿着运动传递的路线，找出组成机构的构件，以及各个构件之间组成的运动副类型、数目及各个运动副的相对位置。

2. 恰当地选择投影面

选择投影面时以能简单、清楚地把机构的运动情况表示清楚为原则。一般选机构中多数构件的运动平面为投影面，必要时也可以就机械的不同部分选择两个或多个投影面，然后展开到同一平面上。

3. 选择适当的比例尺，绘制机构运动简图

根据机构的运动尺寸，选择适当的比例尺。先确定出各个运动副的位置（如转动副的中心位置、移动副的导路方位及高副接触点的位置等），并画上相应的运动副符号，然后用简单的线条和规定的符号画出机构运动简图，最后要标出构件号数、运动副的代号字母以及原动件的转向箭头。

4. 计算机构自由度并判断该机构是否具有确定运动

在计算机构自由度时要正确分析该机构中有几个活动构件、几个低副和几个高副。并在图上指出机构中存在的局部自由度、虚约束及复合铰链，在排除了局部自由度和虚约束之后，再利用公式计算机构的自由度，检查计算的自由度数是否与原动件数目相等，以判断该机构是否具有确定运动。

※ 机构具有确定运动的条件及自由度计算

2.2.5 实验举例

如图 2.9 所示为回转偏心泵机构示意图，下面按照实验方法与步骤来绘制该机构的运动简图，并计算其自由度。

（1）观察该机构，找到原动件为偏心轮 2，偏心轮 2 起着曲柄的作用，连杆 3 及转块 4 为从动件，偏心轮 2 相对机架 1 绕 O 点回转，并通过转动副连接带动连杆 3 运动，连杆 3 既有往复移动又有相对转动，转块 4 相对机架转动。通过分析可知该机构共有 3 个活动构件和 4 个低副（3 个转动副、1 个移动副）。

※ 回转偏心泵三维动画

（2）根据该机构的运动情况，可选择其运动平面（垂直于偏心轮轴线的平面）作为投影面。

（3）根据机构的运动尺寸，按照比例尺确定各运动副之间的相对位置；然后用简单的线条和规定的符号绘制出该机构运动简图，如图 2.10 所示。

（4）从机构运动简图可知：活动构件数 $n=3$，低副数 $P_L=4$，高副数 $P_H=0$，所以该机构的自由度为 $F=3n-2P_L-P_H=3\times3-2\times4-0=1$，而该机构只有一个原动件，与机构的自由度数相同，所以该机构具有确定运动。

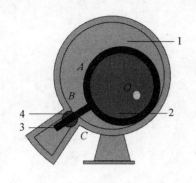

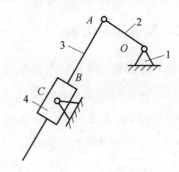

图 2.9 回转偏心泵机构示意图　　　　图 2.10 回转偏心泵机构运动简图

1—机架；2—偏心轮；3—连杆；4—转块

2.2.6 实验内容及要求

（1）测绘并分析 5 个机器或模型的机构运动简图，其中缝纫机实机和减速器模型为必选，其他 3 个模型可以任选；

（2）完成的机构运动简图草图，须经指导教师签字，并附在实验报告中。

2.2.7 实验报告内容及要求

（1）实验目的及测绘实验设备名称。

（2）假定原动件的位置，选择适当的比例尺，将草图画成正式图（草图要附在实验报告的后面）。

（3）计算机构自由度并判断该机构是否具有确定运动。

（4）简述机构运动简图主要用途是什么？

（5）结合所分析的机构，列出机构中曲柄的存在条件。

（6）按照机械的功能要求，试对所测绘的一种机械提出另一种设计方案（局部亦可），并进行分析。

2.3 渐开线齿轮范成原理

2.3.1 实验目的

（1）掌握使用范成法加工渐开线齿轮的基本原理。

（2）了解渐开线齿轮产生根切现象的原因和避免根切的方法。

❋ 相关概念

（3）分析比较标准齿轮和变位齿轮的异同点。

2.3.2　实验预习内容

（1）什么是标准齿轮？什么是变位齿轮？

（2）齿轮的加工方法有哪些？其中哪种方法最常用？

（3）范成法加工渐开线齿轮的刀具有哪些？

（4）什么是齿轮的根切现象？如何避免？

2.3.3　实验设备及用品

（1）实验设备：齿轮范成仪，如图 2.11 所示。

（2）实验用品：铅笔、橡皮、直尺、圆规等（自备）。

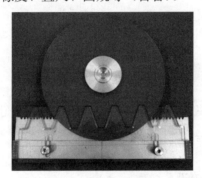

图 2.11　齿轮范成仪

2.3.4　实验原理及方法

齿轮加工基本上有两种方法，即范成法和仿形法。由于范成法可以用一把刀具加工出不同齿数和变位系数的渐开线齿轮，同时具有较高的加工精度，故以范成法应用最广。

范成法是利用一对齿轮互相啮合时其共轭齿廓互为包络线的原理来加工齿轮的。加工时，其中一个齿轮为刀具，另一个齿轮为轮坯，它们和一对真正的齿轮互相啮合传动一样保持着固定的角速比传动，同时刀具还沿着轮坯的轴向做切削运动，这样得到齿轮的齿廓就是刀具刀刃在各个位置的包络线。若用渐开线作为刀具的齿廓，则包络线必为渐开线。由于实际加工时看不到刀刃在各个位置形成的过程，故通过齿轮范成仪来实现轮坯与刀具间的传动过程，并用铅笔将刀具刀刃的各个位置描绘在图纸上，这时我们就能清楚地观察到齿轮范成的过程。

本实验所用的刀具为齿条刀具，如图 2.12 所示，齿条刀具的参数如下：

模数 $m=16\text{ mm}$，齿廓角 $\alpha=20°$，齿顶高系数 $h_a^*=1$，径向间隙系数 $c^*=0.25$，被加工齿轮的齿数 $z=10$。

齿轮范成仪的结构示意图如图 2.12 所示，圆盘 2 代表齿轮加工机床的工作台，固定在它上面的圆形纸代表被加工齿轮的轮坯，它们可以绕其固定轴心转动。齿条刀具 3 代表切齿刀具，安装在齿条滑板 5 上，移动滑板时齿轮齿条使圆盘 2 与齿条滑板 5 做纯滚动，用铅笔依次描下齿条刀具 3 的齿廓各瞬间位置，即可包络出渐开线齿廓。齿条刀具 3 可以相对于圆盘 2 做径向移动，当齿条刀具 3 中线与轮坯分度圆之间移距为 xm 时，被切齿轮分度圆则与刀具中线相平行的节线相切并做纯滚动，即可切制出标准渐开线齿轮（$xm = 0$）或正变位渐开线（$xm > 0$）齿轮的齿廓。

绘制齿轮时，首先将齿轮刀具推到左方或右方的极限位置，并在图纸上用削尖的铅笔描出齿条刀具的齿形，这就相当于刀具在此位置切削一次留下的刀痕。再将齿条刀具由左向右推过很小一段距离，此时压紧在圆盘上的图纸将随之转过一定的角度，再次使用铅笔描出齿条刀具的齿廓。由此认真描出齿条刀具在各个位置上的齿廓，直到描出 2~3 个完整的齿形为止。

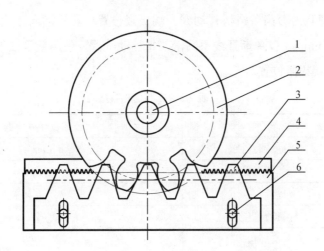

1—压紧圆盘；2—圆盘；3—齿条刀具；4—底座；5—齿条滑板；6—压紧螺母

图 2.12 齿轮范成仪的结构示意图

用范成法加工渐开线齿轮的过程中，有时刀具齿顶会把被加工齿轮根部的渐开线齿廓切去一部分，这种现象称为根切。根切将削弱齿根强度，甚至可能降低传动的重合度，影响传动质量，因此，加工渐开线齿轮时应力求避免根切。

避免根切现象的方法有：

（1）选用 $z > z_{\min}$ 的齿数。

（2）采用 $x > x_{\min}$ 的变位齿轮，一般情况下 $|x| \leqslant 1$。

（3）改变齿形参数，如减小 h_a^* 或加大 α 均可使 $z_{\min}$ 减小，以避免根切。

本实验避免根切的方法采取第二种，即采用 $x > x_{min}$ 的变位齿轮。因此，实验要求画出两种齿轮即标准齿轮和正变位齿轮的轮廓线。

2.3.5　实验步骤

下面分别介绍绘制标准渐开线齿轮（$x = 0$）和正变位渐开线齿轮轮廓（$x > 0$）的步骤。

1. 绘制标准渐开线齿轮（$x = 0$）

（1）计算出齿轮的分度圆直径 d、基圆直径 d_b、齿顶高 h_a、齿顶圆直径 d_a 和分度圆齿厚 s，并填入表 2.3 中。

（2）将图纸（轮坯）安装在圆盘上面，并分别画出分度圆直径 d、基圆直径 d_b 和齿顶圆直径 d_a。

（3）调整齿条刀具的径向位置，使齿条刀具的中线与被加工齿轮的分度圆相切，并左右拉动刀具横滑板，检查并保证刀具的每个齿的中线与被加工齿轮的分度圆相切，然后通过两个螺母压紧刀具。

（4）将齿条刀具沿着齿条滑板移动到一端极限位置，然后横向移动刀具，每次移动距离不要太大（2～3 mm），以免渐开线不圆滑；每移动一次，使用铅笔描下刀具刀刃的位置，直至齿条滑板另一端极限位置。

表 2.3　标准齿轮参数表

序号	名　称	公式及计算数据
1	分度圆直径	$d = mz =$
2	基圆直径	$d_b = d\cos\alpha =$
3	齿顶高	$h_a = h_a^* m$
4	齿顶圆直径	$d_a = d + 2h_a^* m =$
5	分度圆齿厚	$s = \dfrac{\pi m}{2}$

2. 绘制正变位渐开线齿轮（$x > 0$）

（1）计算变位系数 x 和齿条刀具变位量 xm，填入表 2.4 中，x 的选择应使齿轮没有根切现象，即

$$x \geqslant h_a^* \frac{z_{min} - z}{z_{min}}$$

（2）计算出齿轮的分度圆直径 d、基圆直径 d_b、齿顶高 h_a、齿顶圆直径 d_a 和分度圆齿厚 s，并填入表 2.4 中。

（3）将图纸（轮坯）重新安装在圆盘上，并分别画出分度圆直径 d、基圆直径 d_b 和齿顶圆直径 d_a。

※　绘制例图

（4）调整齿条刀具的径向位置，使齿条刀具的中线离开被加工齿轮的分度圆并相距 *xm*
的距离，然后通过两个螺母压紧刀具绘出 2～3 个完整的齿形。

（5）将齿条刀具沿着齿条滑板移动到一端极限位置，然后横向移动刀具，每次移动距
离不要太大（2～3 mm），以免渐开线不圆滑；每移动一次，用铅笔描下刀具刀刃的位置，直
至齿条滑板另一端极限位置。

表 2.4　正变位齿轮参数表

序号	名　称	公式及计算数据
1	变位系数	$x \geq \dfrac{z_{\min} - z}{z_{\min}}$
2	齿条刀具变位量	$xm =$
3	分度圆直径	$d = mz =$
4	基圆直径	$d_b = d\cos\alpha =$
5	齿顶高	$h_a = (h_a^* + x)m =$
6	齿顶圆直径	$d_a = d + 2m(h_a^* + x) =$
7	分度圆齿厚	$s = \left(\dfrac{\pi}{2} + 2x\mathrm{tg}\,\alpha\right)m =$

2.3.6　实验报告内容及要求

（1）实验目的。

（2）实验设备及切削刀具的主要参数：m、α、h_a^*、c^*。

（3）被加工齿轮的齿数及主要几何尺寸 d、d_b、h_a、d_a、s（分标准渐开线齿轮和正变位
渐开线齿轮两种情况）。

（4）实验结果分析。

① 比较标准渐开线齿轮和正变位渐开线齿轮的齿形有什么不同并分析其原因，哪些尺
寸发生变化并分析其原因？

② 试分析决定齿廓形状的参数有哪些？

2.4 渐开线齿轮参数测定实验

2.4.1 实验目的

（1）掌握使用游标卡尺测量渐开线直齿圆柱齿轮基本参数的方法。

（2）进一步熟悉齿轮的各部分尺寸、参数关系及渐开线性质。

2.4.2 实验预习内容

（1）渐开线直齿圆柱齿轮基本参数有哪些？

（2）齿轮参数测定的意义是什么？

（3）什么是齿轮的测量公法线长度？如何计算？

※ 渐开线直齿圆柱齿轮参数

2.4.3 实验设备及用品

（1）实验设备：被测齿轮、游标卡尺。

（2）实验用品：计算器（自备）。

2.4.4 实验原理及方法

本实验要测定和计算的渐开线直齿圆柱齿轮的基本参数：齿数 z、模数 m、分度圆压力角 α、齿顶高系数 h_a^*、径向间隙系数 c^* 和变位系数 x 等。

1. 确定模数 m 和分度圆压力角 α

分度圆压力角 α 取标准值为 20°。由于 $p_b = \pi m \cos \alpha$，因此，要确定 m，首先应测出基圆齿距 p_b。基圆齿距 p_b 是基圆上相邻两齿同侧齿廓间的弧长，用游标卡尺无法直接测量，可采用间接测量的方法。由渐开线的性质可知，齿廓间的公法线距离与所对应的基圆上的圆弧长度相等，因此采用测量公法线距离来推算基圆齿距 p_b。因渐开线的法线切于基圆，故由图 2.13 可知，基圆切线与齿廓垂直。因此，用游标卡尺跨过 k 个齿，测得齿廓间的法向距离 W_k（图

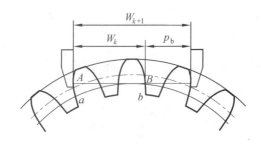

图 2.13 齿轮公法线长度测量示意图

中 A、B 两点间的距离）称为跨 k 个齿的公法线长度。为保证游标卡尺的两个卡爪与齿廓的渐开线部分相切，根据被测齿轮的齿数参考表 2.5 来确定跨齿数 k 值。用游标卡尺跨过 k 个齿，测得距离为 W_k mm，然后再跨过 $k+1$ 个齿，测得距离为 W_{k+1} mm。

表 2.5 跨齿数 k 值

z	12~18	19~27	28~36	37~45	46~54	55~63	64~72	73~81
k	2	3	4	5	6	7	8	9

由渐开线的性质可知，齿廓间的公法线 AB 与所对应的基圆上的圆弧 $\overset{\frown}{ab}$ 长度相等，因此得

$$W_k = (k-1)p_b + s_b$$

同理

$$W_{k+1} = kp_b + s_b$$

在上述两个公式中，消去 s_b 则得基圆齿距为

$$p_b = W_{k+1} - W_k$$

根据所得基圆齿距 p_b，查附录 1 可得出相应的 m 和 α 值。

2. 确定变位系数 x

要确定齿轮是标准渐开线齿轮还是变位渐开线齿轮，就要确定齿轮的变位系数 x。由变位系数 x 与齿厚 s_b 的关系式可知，只要测出基圆齿厚 s_b 即可推算出变位系数 x。因此，应按测得的数据代入下列公式计算出基圆齿厚 s_b。

$$s_b = W_{k+1} - kp_b = W_{k+1} - k(W_{k+1} - W_k) = kW_k - (k-1)W_{k+1}$$

即

$$s_b = kW_k - (k-1)W_{k+1}$$

计算出 s_b 后，可利用基圆齿厚公式推导出变位系数 x。则

$$s_b = \frac{r_b}{r}s + 2r_b \text{inv}\,\alpha = \frac{r\cos\alpha}{r}\left(\frac{\pi m}{2} + 2xm\text{tg}\,\alpha\right) + 2r\cos\alpha\text{inv}\,\alpha$$

$$= \left(\frac{\pi}{2} + 2x\text{tg}\,\alpha\right)m\cos\alpha + mz\cos\alpha\text{inv}\,\alpha$$

式中　　r_b——基圆半径；

　　　　r——分度圆半径；

　　　　s——分度圆齿厚。

由此可得

$$x = \frac{\dfrac{s_b}{m\cos\alpha} - \dfrac{\pi}{2} - z\,\text{inv}\,\alpha}{2\text{tg}\,\alpha}$$

式中　　inv $\alpha =$ tg $\alpha - \alpha$ ，α 为弧度。

3. 确定齿顶高系数 h_a^* 和径向间隙系数 c^*

根据齿顶高系数 h_a^* 和径向间隙系数 c^* 与齿顶圆直径 d_a 及齿根圆直径 d_f 之间的关系式可知，只要测出齿顶圆直径 d_a 及齿根圆直径 d_f，即可推算出齿顶高系数 h_a^* 和径向间隙系数 c^*。当被测齿轮的齿数为偶数时，可用卡尺直接测得齿顶圆直径 d_a 及齿根圆直径 d_f；如果被测齿轮的齿数为奇数时，则应先测量出齿轮轴孔直径 $d_\text{孔}$，然后再测量孔到齿顶的距离 $H_\text{顶}$ 和轴孔到齿根的距离 $H_\text{根}$。如图 2.14 所示，可得

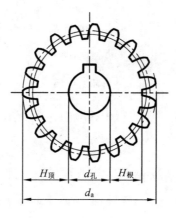

图 2.14　奇数齿数测量方法

$$d_a = d_\text{孔} + 2H_\text{顶}$$

$$d_f = d_\text{孔} + 2H_\text{根}$$

又因为

$$d_a = mz + 2h_a^* m + 2xm$$

$$h = 2h_a^* m + c^* m$$

由此推导出 h_a^* 及 c^* 得

$$h_a^* = \frac{1}{2}\left(\frac{d_a}{m} - z - 2x\right)$$

$$c^* = \frac{h}{m} - 2h_a^*$$

2.4.5　实验步骤

（1）直接数出被测齿轮的齿数 z。

（2）测量 W_k、W_{k+1} 及 d_a 和 d_f，每个尺寸应测量三次，分别填入表 2.6、表 2.7 和表 2.8 中，取其平均值作为测量数据，计算 α、m、x、h_a^* 和 c^*。

表 2.6　公法线长度

齿轮号数　No:		齿数 $z =$		
	第 1 次	第 2 次	第 3 次	平均值
W_k				
W_{k+1}				

表 2.7　偶数齿数

测量序号	齿顶圆直径 d_a	齿根圆直径 d_f
1		
2		
3		
平均值		

表 2.8　奇数齿数

测量序号	齿顶圆直径 d_a			齿根圆直径 d_f		
	$d_{孔}$	$H_{顶}$	$d_a = d_{孔} + 2H_{顶}$	$d_{孔}$	$H_{根}$	$d_f = d_{孔} + 2H_{根}$
1						
2						
3						
平均值						

2.4.6　实验报告内容

（1）实验目的。

（2）被测齿轮的已知参数和测量数据。

（3）齿轮参数及尺寸计算。

① 基圆齿距：$p_b = W_{k+1} - W_k$，其中 p_b 值查附录 1，确定 m、α。

② 基圆齿厚：$s_b = kW_k - (k-1)W_{k+1}$。

③ 变位系数：$x = \dfrac{\dfrac{s_b}{m\cos\alpha} - \dfrac{\pi}{2} - z\,\text{inv}\,\alpha}{2\text{tg}\,\alpha}$。

④ 全齿高：$h = \dfrac{d_a - d_f}{2}$。

⑤ 齿顶高系数：$h_a^* = \dfrac{1}{2}\left(\dfrac{d_a}{m} - z - 2x\right)$。

⑥ 径向间隙系数：$c^* = \dfrac{h}{m} - 2h_a^*$。

（4）实验结果分析：

① 试分析影响测量精度的因素。

② 基圆齿距是如何测量的？

2.5　机器组成及典型机械零部件认识与分析实验

2.5.1　实验目的

（1）通过对典型机器的参观，了解该机器的组成，使学生对课程的任务及与专业的关系有一定理解，培养对本课程的兴趣。

（2）初步了解机械设计和机械设计基础课程所研究的各种通用零部件的结构、类型、特点及应用。

（3）了解各种传动的特点和应用。

（4）通过参观陈列室，对本课程主要教学内容有初步了解。

2.5.2　实验进行方式

本实验为认识实验。先由教师结合机械实物讲解机器的组成及通用零部件相关知识，然后由学生针对实验中心陈列的某一台机器进行分析，最后参观陈列室。

2.5.3　实验报告内容及要求

（1）按功能分，机器由哪些部分组成？根据分析的机器来说明。

机器名称：_____。

原动机：_____。

工作机：_____。

传动装置：_____。

控制系统：_____。

辅助装置：_____。

❋ 冲压机

❋ 步进输送机

（2）机器的通用零部件的分类，每类请写出三种以上零部件的名称。

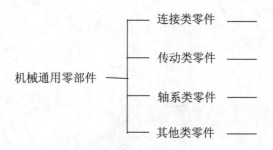

机械通用零部件 —— 连接类零件 ——
—— 传动类零件 ——
—— 轴系类零件 ——
—— 其他类零件 ——

❋ 连接类零件　　❋ 传动类零件　　❋ 轴系类零件　　❋ 其他类零件

（3）请按照机械制图标准，采用绘制零件草图的方法（即目测比例，徒手绘制），画出你所分析机器中的一个零部件，并请说明它属于哪类零件，分析一下在工作中这个零件受什么力，可能会出现什么失效形式？

（4）通过本实验谈谈对机械设计课程的初步认识。

2.6 带传动实验

2.6.1 实验目的

（1）了解带传动实验台的结构和工作原理。

（2）通过实验，观察带传动中的弹性滑动现象和打滑现象。

（3）了解带传动中影响传动能力的因素。

（4）掌握带传动中带轮转速、转矩的测试方法，绘制出带传动滑动曲线和效率曲线。

2.6.2 实验预习内容

（1）带传动的基本理论。

（2）带传动实验指导书。

2.6.3 带传动实验台的结构和工作原理

带传动实验台的结构示意图如图 2.15 所示。

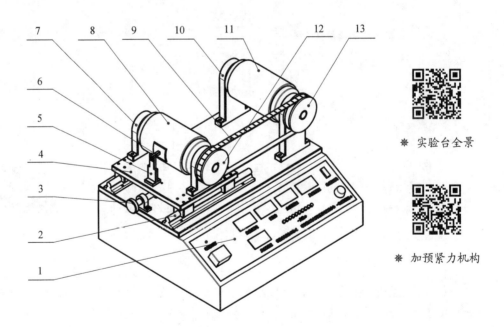

※ 实验台全景

※ 加预紧力机构

图 2.15 带传动实验台的结构示意图

1—控制台；2—直线轴承导轨；3—预紧力调整螺杆；4—移动机座；5—力矩传感器；6—测力杠杆；
7，10—轴承座；8—直流电动机；9—传动带；11—直流发电机；12—主动轮；13—从动轮

由图 2.15 可见，主动轮 12 固连在直流电动机 8 的转子轴上，从动轮 13 固连在直流发电机 11 的转子轴上，传动带 9 套在主动轮 12 和从动轮 13 上，这样组成了一个带传动系统。当实验台接通电源，直流电动机 8 通过传动带 9 带动直流发电机 11 转动，直流发电机 11 接上负载后可向负载提供电能使负载工作。实验台上直流发电机 11 所接负载为大功率分段式波纹绕线电阻（总功率为 600 W，每段电阻为 800 Ω，每段电阻功率为 60 W），直流发电机 11 发出的电能在电阻上转变成热能消耗在电阻上。实验时通过按控制面板上的加载按钮，改变电阻阻值，来施加大小不同的载荷。

实验台上的直流电动机 8 和直流发电机 11 前后均由一对滚动轴承座 7、10 支承而被悬架起来，使直流电动机 8 的机壳和直流发电机 11 的机壳可绕各自转子轴中心线转动，直流电动机机壳转动起来，通过固定在直流电动机 8 机壳上的测力杠杆 6 以及力矩传感器 5 可测得直流电动机机壳的转动力矩。同理，利用同样方法可测得直流发电机 11 机壳的转动力矩。由于悬架起来的电机的机壳转动力矩与带轮转动力矩大小相等方向相反，这样利用悬架起来的直流电动机 8 可求出主动轮 12 的转动力矩 T_1，利用悬架起来的直流发电机 11 可求出从动轮 13 的转动力矩 T_2。实验台上，支撑直流发电机 11 的一对轴承座 10 固定在实验台台面上，支撑直流电动机 8 的一对轴承座 7 安装在移动机座 4 上。

移动机座 4 的底部安装有两个直线轴承导轨、一个力传感器和一个螺旋机构，旋转实验台左侧螺旋机构的预紧力调整螺杆 3，移动机座 4 带动直流电动机 8 沿直线轴承导轨做水平移动，实验时逆时针旋预紧力调整螺杆 3，螺旋机构通过移动机座 4 带动直流电动机 8 和主动轮 12 向左移动，传动带 9 被张紧，使其产生预紧力，力矩传感器 5 可测得传动带 9 上的预紧力大小，并由控制面板上的仪表显示。实验时推荐预紧力为 3～5 kg（控制面板上预紧力显示仪表显示值单位为 kg）。

（注意：逆时针旋实验台左侧螺杆预紧力增大，顺时针旋实验台左侧螺杆预紧力减小，预紧力调整范围为 0～10 kg，传动带加上预定预紧力后，实验的调速、加载、运转过程中传动带受力要不断发生变化，这时预紧力显示仪表有所变化，这属于正常现象。实验完成后，一定把预紧力调为 0 kg。）

实验台上带轮转速由电动机和发电机后侧的码盘和光电开关来进行测量，然后由控制面板上的主动轮转速仪表和从动轮转速仪表显示。电动机和发电机后侧的码盘和接近开关可控制频闪灯闪光频率，使频闪灯闪光频率与带轮转动频率一致（或为整数倍）。

实验台上的电源开关、启动按钮、加载按钮、调速旋钮、频闪灯开关、测量仪表等电气部分均安装在控制面板上，按（旋）控制面板上相应按（旋）钮可控制实验台启动、调速、加载和开关频闪灯，控制面板上的仪表可显示预紧力、主动轮和从动轮的转速和转矩，如图 2.16 所示。

图 2.16　实验台控制面板

2.6.4　带传动的弹性滑动和打滑

使用频闪灯观察带传动的弹性滑动和打滑这两种现象。实验台带轮侧面和传动带上等距涂有黑白相间色条和绿白相间色条，如图 2.17 所示。

图 2.17　观察弹性滑动和打滑现象示意图

实验时，按下频闪灯开关，由频闪灯控制系统（电动机和发电机后侧码盘和接近开关）控制频闪灯闪光频率与带轮转动频率一致（或整数倍），这样可看到主、从带轮上黑白相间色条总是在一个固定位置上出现，好像带轮不动，然后观察主动轮一侧传动带上的色条，可看到传动带上的色条以一定的速度向着传动带实际运动的相

❋　弹性滑动现象

反方向运动，这说明传动带与带轮间有相对位移，传动带带速落后于主动轮的圆周速度；同样利用频闪灯可观察到从动轮与传动带之间存在相对位移现象，这种带轮与传动带相对位移现象称为带传动弹性滑动，而且弹性滑动（相对位移）现象将随载荷增大（从左向右逐一按控制面板上绿色加载按钮）而加剧。为什么带传动会出现弹性滑动现象？因为传动带是有弹性的，受到拉力作用后将会产生弹性伸长，拉力愈大伸长量也会愈大；反之愈小。传动带工作时，由于紧边的拉力 F_1 大于松边的拉力 F_2，则传动带在紧边的伸长量将大于松边的伸长

量。如图 2.18 所示，当传动带的紧边 B 点进入主动轮时，带速与带轮圆周速度相等，皆为 v_1。传动带随带轮由 B 点转到 C 点离开带轮时，其拉力逐渐由 F_1 变为 F_2，从而使传动带的弹性伸长量也相应地减少，则传动带相对带轮向后缩了一点，这就使带速逐渐落后于带轮圆周速度，到 C 点后带速降到 v_2，同样，当传动带绕过从动轮时，带所受到的拉力由 F_2 逐渐增加到 F_1 时，其弹性伸长量逐渐增加，致使传动带相对带轮向前移动一点，使带速逐渐大于从动轮圆周速度。显然传动带与带轮之间的这种相对滑动现象是由于传动带的弹性变形而引起的，所以称为弹性滑动。

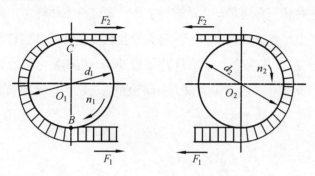

图 2.18　弹性滑动的受力分析

由于传动带工作时松、紧边总存在拉力差，所以弹性滑动为摩擦型带传动不可避免的现象，它是摩擦型带传动正常工作时固有的特性，其现象随外载荷增大表现越来越明显。

弹性滑动对带传动造成如下结果：

① 从动轮的圆周速度总是低于主动轮的圆周速度，传动比不准确。

② 造成传动带磨损，会使传动带的温度升高，损失一部分能量，降低传动效率。

由于弹性滑动引起从动轮圆周速度低于主动轮圆周速度，其相对降低率通常称为带传动滑动系数（或滑动率），用 ε 表示，即

$$\varepsilon = \frac{v_1 - v_2}{v_1} = \frac{\pi d_1 n_1 - \pi d_2 n_2}{\pi d_1 n_1} = \frac{n_1 - i n_2}{n_1}$$

实验台上主动轮、从动轮直径相等时，即 $d_1 = d_2$ 时，则

$$i = \frac{d_2}{d_1} = 1$$

$$\varepsilon = \frac{n_1 - n_2}{n_1} \times 100\% \tag{2.1}$$

带传动正常工作情况下，滑动系数 $\varepsilon \leqslant (1 \sim 2)\%$。

带传动随着外载荷的增加，弹性滑动逐渐增大，若带传动传递的外载荷超过带传动所能传递的最大有效圆周力，传动带就会在带轮上发生明显的相对滑动，这种现象称为打滑。打滑会造成传动带严重磨损和从动轮转速严重降低、承载能力急剧下降，打滑严重时会使带传动失效，因此带传动应避免打滑现象出现，避免过载即可避免打滑。

2.6.5 转矩的测量与 ε、η 及 P_2 的测量

由于电动机、发电机的转子和定子间磁场的相互作用，电磁力矩大小相等且方向相反。对于电动机来说，它对转子作用带动主动带轮工作，表现为工作转矩，同时转子反作用于定子使机壳翻转。对于发电机来说同样有一电磁力矩使机壳翻转，且翻转方向与电动机相反。因此主动轮上的转矩 T_1 和从动轮上的转矩 T_2 可通过电动机和发电机上的测力杠杆和力矩传感器测出，如图 2.19 所示，并由控制面板上主动轮和从动轮两个转矩仪表显示，仪表显示值单位为 N·m。

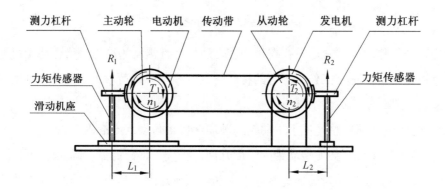

图 2.19　转矩测量示意图

测试原理：

主动轮转矩 T_1=电动机机壳转动力矩=力矩传感器支反力矩；

从动轮转矩 T_2=发电机机壳转动力矩=力矩传感器支反力矩。

则

$$T_1 = R_1 L_1 \quad (\text{N} \cdot \text{m})$$

$$T_2 = R_2 L_2 \quad (\text{N} \cdot \text{m})$$

式中　　R_1、R_2——力矩传感器支反力，N；

　　　　L_1、L_2——测力杠杆力臂长，m。

根据主动轮功率和从动轮功率可求得带传动的传动效率为

$$\eta = \frac{P_2}{P_1} = \frac{T_2 n_2}{T_1 n_1} \times 100\% \tag{2.2}$$

式中 n_1、n_2——主动轮、从动轮转速，r/min；

    P_1、P_2——主动轮、从动轮功率，kW，且

$$P_1 = \frac{T_1 n_1}{9\,550}$$

$$P_2 = \frac{T_2 n_2}{9\,550}$$

实验过程中在保持预紧力不变的情况下，逐级增大载荷（由左向右逐一按控制面板上加载按钮），对应每一级载荷，控制面板上仪表显示相应载荷下的主动轮转速 n_1、从动轮转速 n_2、主动轮转矩 T_1、从动轮转矩 T_2 的数据，记录数据，代入式（2.1）、（2.2），求得一系列的 ε、η 值，根据数值绘制出如图 2.20 所示的带传动滑动曲线和效率曲线。

从图 2.20 中看出临界 A 点之前为弹性滑动区，是带传动正常工作区域，随着载荷的增加，滑动系数逐渐增加，ε 与 T_2 基本呈线性关系，当载荷继续增加超过临界点 A 进入打滑区域后出现打滑，带传动不能正常工作，应当尽量避免。

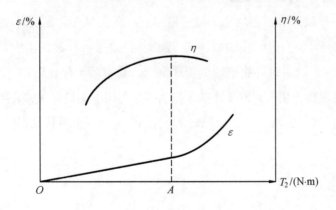

图 2.20 带传动滑动曲线和效率曲线

2.6.6 实验步骤

1. 观察带传动弹性滑动现象和打滑现象

首先将平型传动带套在带轮上，合上电源开关接通电源，调整频闪灯使其接近带轮，逆时针旋实验台左侧螺杆，传动带加上预紧力（预紧力大小看控制面板上的仪表，推荐预紧力大小为 3～5 kg，预紧力调整范围为 0～10 kg），按下电动机开关并顺时针旋电动机调速旋钮，使主动轮转速 n_1 达到 800 r/min 左右，从左向右按 3～4 加载按钮，加一定载荷，打开频闪灯开关，观察传动带与带轮间的弹性滑动（相对位移）现象，讨论弹性滑动产生原因；改变载荷、带轮转速和预紧力，观察主动轮与传动带之间、从动轮与传动带之间相对位移如何随载荷、转速、预紧力改变而改变。

2. 测量带轮转速和传动转矩，绘制带传动滑动曲线和效率曲线

（1）逆时针旋电动机调速旋钮，使实验台停止转动。再旋实验台左侧螺杆，使传动带上加 4 kg 预紧力。

（2）顺时针旋电动机调速旋钮，调整主动轮转速 n_1 为 800 r/min 左右。

（3）从左向右逐一按加载按钮（绿色），逐级加载，记录各级载荷下控制面板上仪表显示的主动轮转速 n_1、从动轮转速 n_2、主动轮转矩 T_1、从动轮转矩 T_2 的数据，填入表 2.9 中。

（4）逆时针旋电动机调速旋钮，使实验台停止转动。逆时针旋实验台左侧螺杆，使传动带上加 5 kg 预紧力，重复（2）、（3）过程并将数据填入表 2.10 中。

（5）逆时针旋电动机调速旋钮，使实验台停止转动。顺时针旋实验台左侧螺杆，同时观看预紧力仪表，使仪表显示值为零，将平带卸下，换上 V 带。逆时针旋实验台左侧螺杆，使传动带上加 4 kg 预紧力，重复（2）、（3）过程并将数据填入表 2.11 中。

（6）实验完成后，逆时针旋电动机调速旋钮，使实验台停止转动。顺时针旋实验台左侧螺杆，同时观看预紧力仪表，使仪表显示值为零。关闭电动机开关，关闭实验台电源开关。

（7）课后根据式（2.1）、（2.2）计算 ε、η 值，然后绘制出带传动滑动曲线和效率曲线。

2.6.7 实验报告

1. 已知条件

（1）带种类：平带，V 带。

（2）包角：$\alpha_1 = \alpha_2 = 180°$。

2. 实验数据记录与计算表格

表 2.9　平带 $2F_{01}=4$ kg

序号 参数 单位	n_1 /(r·min⁻¹)	n_2 /(r·min⁻¹)	ε /%	T_1 /N·m	T_2 /N·m	P_1 /kW	P_2 /kW	η /%
1								
2								
3								
4								
5								
6								
7								
8								
9								
10								

表 2.10　平带 $2F_{01}=5$ kg

序号 参数 单位	n_1 /(r·min⁻¹)	n_2 /(r·min⁻¹)	ε /%	T_1 /N·m	T_2 /N·m	P_1 /kW	P_2 /kW	η /%
1								
2								
3								
4								
5								
6								
7								
8								
9								
10								

表 2.11　V 带 $2F_{01}= 4$ kg

序号 \ 参数 单位	n_1 /(r·min⁻¹)	n_2 /(r·min⁻¹)	ε /%	T_1 /N·m	T_2 /N·m	P_1 /kW	P_2 /kW	η /%
1								
2								
3								
4								
5								
6								
7								
8								
9								
10								

3. 绘制带传动滑动曲线和效率曲线

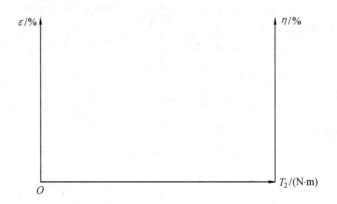

4. 思考题

（1）对带传动的弹性滑动和打滑现象进行分析，填入表 2.12 中。

表 2.12 带传动的弹性滑动和打滑现象分析

	产生的原因	对传动的影响
弹性滑动		
打滑		

（2）平带和 V 带承载能力对比与分析。

5. 实验感想及改进意见

2.6.8 实验报告内容及要求

（1）实验报告撰写内容：实验目的、实验设备组成及其工作（含测试）原理（包括图 2.19 的转矩测量示意图）、已知条件、原始数据、相关计算公式、实验数据、实验曲线、思考题、实验感想及改进意见。

（2）实验曲线要求绘制在坐标纸上。六条曲线绘制在一张图上。每条曲线上要标注实验条件（如预紧力大小、带型）。

（3）实验报告要求实验完成后一周之内，由课代表收齐并按学号前后顺序排好一起交到实验室。

2.7 滑动轴承实验

2.7.1 实验目的

（1）验证液体形成动压的机理。

（2）观察滑动轴承动压油膜形成的现象，判断滑动轴承动压油膜的形成。

（3）掌握滑动轴承摩擦因数的测量方法，了解转速、载荷对滑动轴承润滑状态的影响，绘制滑动轴承特性曲线。

（4）测量滑动轴承动压油膜压力，了解动压油膜压力分布情况，绘制滑动轴承径向油膜压力分布曲线。

2.7.2 实验预习内容

液体形成动压的条件（机理）。

2.7.3 实验设备

（1）液体形成动压演示仪。

（2）滑动轴承实验台。

※ 液体形成动压条件

2.7.4 实验设备结构和工作原理

1. 液体形成动压演示仪结构及工作原理

液体形成动压演示仪如图 2.21 所示，演示仪上使用有机玻璃围成一个油池，油池中装有具有一定黏度的润滑油。在润滑油液面之上水平安装两块金属板，两板之间存在间隙。在上板上十字交叉钻有两排小孔（油孔），每个小孔都和一个有机玻璃管（油管）相连。一条环形钢带上半部分安装在两板之间，下半部分浸在润滑油中。当演示仪上电机带动钢带运动起来时，钢带会带动润滑油以一定速度连续不断流过两板之间间隙（右口流进，左口流出）。实验过程中，调节演示仪上的左侧螺旋测微仪，使两板之间形成收敛间隙（右口大，左口小），这样具有一定黏度和流速的润滑油就会在两板收敛间隙之间产生动压，产生的动压会压润滑油沿上板油孔和油管上升，油管中油柱达到一定高度后不再变化，每个油管中的油柱高度确定每个油孔位置上的动压大小；调节演示仪上的左侧螺旋测微仪，改变两板间收敛间隙倾角大小，润滑油在收敛间隙之中产生的动压发生变化，相应油管中的油柱高度随之改变；调节控制箱上的电机调速器，改变电机和环形钢带的运行速度，则润滑油流经收敛间隙流速改变，润滑油在收敛间隙之中产生的动压也发生变化，相应油管中的油柱高度随之改变。

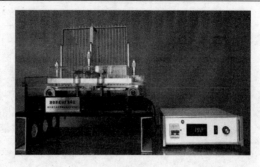

※ 液体形成动压演示仪

（a）实物图

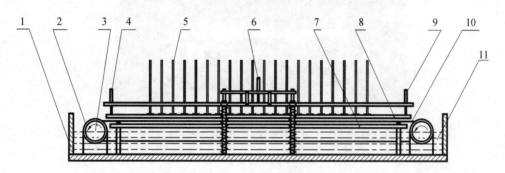

（b）结构示意图

1—油池；2—轴承座；3—轴；4，6，9—螺旋测微仪；5—油管；

7—下板；8—上板；10—环形钢带；11—润滑油

图 2.21　液体形成动压演示仪

2. 滑动轴承实验台结构及工作原理

（1）滑动轴承实验台结构。

滑动轴承实验台由滑动轴承、电动机、控制系统、测试系统四大部分组成，实验台结构如图 2.22 所示。

实验台上使用金属板围成一个油池，油池中装有 45 号润滑油。在润滑油液面之上固定安装两块包角为 180° 轴瓦，在两块轴瓦之上放置一根轴，轴和轴瓦构成两个半瓦结构滑动轴承，滑动轴承工作时所需的润滑油由油泵和油管供给。实验台上电动机通过浮动联轴节带动轴转动，轴转动起来时，将润滑油带入轴与轴瓦之间，当轴的转速达到一定程度后，可在轴和轴瓦间形成动压油膜，油膜压力可由实验台上的压力表测量。滑动轴承轴上载荷由砝码质量经加载杠杆系统放大后作用到轴上。实验台采用直流电动机作为原动机，电动机利用控制箱上的电机调速器来实现电机无级调速。轴的转速由码盘、光电转速传感器测量，然后由控制面板上的数字式显示仪表显示。实验台上电子弹簧秤用于测量滑动轴承启动时的摩擦因数。实验台控制面板上的电流表、电压表用来测量电动机的输出电流、输出电压，油膜指示灯、毫安表用来确定滑动轴承动压油膜形成。

（a）实物图

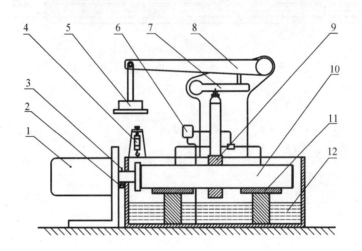

（b）结构示意图

1—直流电动机；2—光电转速传感器；3—码盘；4—弹簧秤；5—砝码；

6—油泵；7，8—加载杠杆；9—滚动轴承；10—轴；11—轴瓦；12—润滑油

图 2.22　滑动轴承实验台

（2）实验台工作原理。

① 轴与轴瓦间径向油膜压力的测量。

在右侧轴瓦径向每隔 22°30'钻有直径为 1 mm 的小孔，轴瓦上共钻有 7 个小孔（图 2.23），每个小孔通过塑料管和油压表相连，当滑动轴承形成动压油膜后，7 个不同点的油膜压力可通过相应位置上的油压表（图 2.24）进行测量。

图 2.23　轴瓦结构示意图

图 2.24　油压表

② 砝码加载杠杆放大系统如图 2.25 所示。

实验时，在托盘上加砝码，此时砝码对轴产生的载荷是砝码质量经加载杠杆系统二级放大后作用到轴上的。设杠杆系统放大系数为 i，砝码的质量为 Q，则砝码作用到轴上的载荷即为 iQ (N)，考虑到加载杠杆系统本身自重作用在轴上的载荷 G(N)，则轴上的全部载荷应为 $W=iQ+G$ (N)。

图 2.25　砝码加载杠杆放大系统

③ 滑动轴承启动时摩擦因数测量如图 2.26 和图 2.27 所示。

图 2.26　滑动轴承启动时摩擦因数测量系统

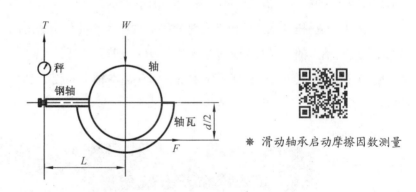

※ 滑动轴承启动摩擦因数测量

图 2.27　滑动轴承启动时摩擦因数测量示意图

　　测量滑动轴承启动摩擦因数时，抬起加载杠杆系统，将轴右移，使轴与联轴节脱离。转动轴，使轴上小孔朝后，将小钢轴插入轴上小孔，此时要保证小钢轴处于水平状态，顺时针旋螺杆，将秤钩钩住小钢轴。落下加载杠杆系统，加砝码，轴上所受载荷为 W。逆时针旋螺杆，旋螺杆过程中读出弹簧秤显示最大值 T（kg），将 T 代入公式可求出滑动轴承启动时（半干摩擦状态）摩擦因数 $f_启$。$f_启$ 公式推导如下，当弹簧秤通过小钢轴带动轴转动时，弹簧秤对轴产生的转动力矩等于轴瓦对轴产生的摩擦力矩，即 $9.8T \cdot L = F \cdot d/2$，$F = 19.6T \cdot L/d$，则

$$f_{启} = \frac{F}{W} = \frac{19.6\,T \cdot L}{Wd} \tag{2.3}$$

式中　T——弹簧秤最大拉力值，kg；

　　　L——力臂长，mm；

　　　F——滑动轴承启动摩擦力，N；

　　　d——轴直径，mm；

　　　W——轴上载荷（轴瓦支承力），N。

实验过程中，记录弹簧秤显示最大值 T，根据记录的 T 值和公式（2.3）计算出 $f_{启}$。

注：$f_{启}$ 为滑动轴承特性曲线与纵坐标轴交点的纵坐标值。

④ 滑动轴承摩擦因数测试原理。

实验台启动后，电动机带动滑动轴承转动，电动机输出功率 P_1＝轴的转动功率 P_2（联轴节的效率损失忽略不计），其中

$$P_1 = U \cdot I$$

式中　P_1——电动机输出功率，W；

　　　U——电动机输出电压，V；

　　　I——电动机输出电流，A。

$$P_2 = \frac{M \cdot n}{9\,550}$$

式中　P_2——轴的转动功率，kW；

　　　M——轴的转动力矩，N·m；

　　　n——轴的转速，r/min。

若 $P_1 = P_2$，即 $I \cdot U \cdot 10^{-3} = M \cdot n / 9\,550$，则

$$M = \frac{9.55\,I \cdot U}{n}$$

轴转动时受到的摩擦力矩为

$$M_{摩} = \frac{1}{2} W \cdot f \cdot d$$

式中　W——轴上载荷，N；

　　　f——摩擦因数；

　　　d——轴直径，mm。

当轴转动时，轴的转动力矩 M＝轴所受到的摩擦力矩 $M_{摩}$，即

$$\frac{9.55\,I \cdot U}{n} = \frac{1}{2} W \cdot f \cdot d$$

则

$$f = \frac{19.1 U \cdot I}{n \cdot W \cdot d} = \frac{19.1 U \cdot I}{n \cdot W \cdot 60 \times 10^{-3}} = 0.318 \times 10^{3} \frac{U \cdot I}{n \cdot W}$$

即

$$f = 318 \frac{U \cdot I}{n \cdot W} \tag{2.4}$$

（注意：M 和 $M_{摩}$ 的单位为 N·m，d 为轴径，d=60 mm，单位应换算为 m，故 d=60×10⁻³ m）

注：实验报告要求此公式有简单推导过程。

实验过程中，在轴上载荷 W 一定条件下，通过调节电动机调速器来逐级增大轴的转速，记录控制面板上显示的每一级轴转速 n，以及相应转速下的电机输出电压 U 和输出电流 I，然后根据记录数据和公式（2.4）计算出每一级轴转速下的摩擦因数。

2.7.5 实验内容及实验步骤

1. 观察液体形成动压过程，掌握液体形成动压机理

调节演示仪上左侧螺旋测微仪，使两板间形成具有一定角度的收敛间隙（右口大，左口小），启动液体形成动压演示仪，可看到演示仪上油管中油柱达到一定高度后停止不动；调节演示仪上左侧螺旋测微仪，改变两板间收敛间隙倾角大小；调节电动机调速器改变演示仪上电动机和钢带转速（改变液体流速），通过观察油柱高度变化，了解液体产生动压的变化情况，从而掌握液体形成动压机理。

2. 求滑动轴承启动时摩擦因数 $f_启$

实验台加上砝码，测量且记录弹簧秤最大拉力值 T，利用公式（2.3）求出 $f_启$（求 $f_启$ 是用来确定滑动轴承特性曲线与纵坐标轴交点的纵坐标值）。

3. 观察滑动轴承实验台上油膜指示灯和毫安表变化，确认滑动轴承动压油膜形成

滑动轴承正常工作时，在轴和轴瓦间形成一定厚度的动压油膜，如何确认滑动轴承中动压油膜是否完全形成？在实验台上的轴与轴瓦上分别引出两根导线，导线和电源、指示灯、毫安表、开关连成一个观察滑动轴承动压油膜形成的电路，如图 2.28 所示。

当轴没有转动时，轴与轴瓦是接触的，接通开关，有较大电流通过指示灯和毫安表，指示灯很亮，毫安表读数较大。当轴转动起来，轴的转速达到一定程度后，形成了一定厚度的动压油膜将轴与轴瓦完全隔开，由于油膜为绝缘体，电路相当于断路，这时可观察到指示灯灭掉，毫安表指针回到零位，此时可确认滑动轴承轴与轴瓦间的动压油膜完全形成。

实验过程中，启动实验台，顺时针慢慢旋电动机调速旋钮，轴由静止状态开始到转动起来，当轴的转速达到一程度后，可看到控制面板上红色油膜指示灯由亮到灭、毫安表指针由较大指示数到指示为零，这时可知轴承中动压油膜已经形成。

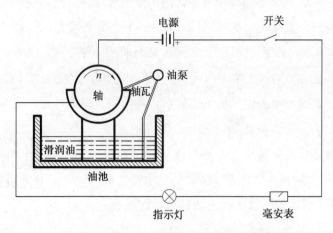

※　判断滑动轴承动压油膜形成

图 2.28　观察滑动轴承动压油膜的形成电路

4. 绘制滑动轴承的特性曲线

滑动轴承的特性曲线是摩擦因数 f 和轴承特性系数 $\lambda\left(\lambda=\dfrac{10^{-6}}{60}\cdot\dfrac{\eta\cdot n}{q}\right)$ 的关系曲线，如

图 2.29 所示。其中参数 η 为润滑油的动力黏度，它随压力和温度变化而变化，但由于本实验的实验时间比较短，温度变化很小，压力不大（在 5 MPa 以下），可认为动力黏度近似为一个常量。本实验选用润滑油为 45 号润滑油，常温下可取 $\eta=0.34$ Pa·s；n 为轴的转速，可用测速系统测得；q 为平均单位载荷（也称比压，MPa），可用公式 $q=W/(Bd)$ 计算，其中，W 为载荷（N），d 为轴的直径（mm），B 为轴瓦长度（mm）。

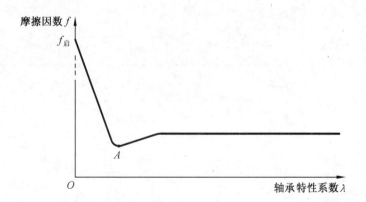

图 2.29　滑动轴承特性曲线

从滑动轴承特性曲线图 2.29 可以看出摩擦因数的大小与载荷、转速有关。在一定载荷 W 下，当轴刚启动时，轴与轴瓦处于半干摩擦状态，此时摩擦因数很大。随着轴的转速增大，逐渐形成的油膜使轴与轴瓦的接触面积逐渐减小，摩擦因数明显下降，当轴的转速达到临界

点 A 的转速时，轴与轴瓦间油膜完全形成，轴与轴瓦间为全液体摩擦。当轴的转速继续增大时，受油膜黏切力影响，摩擦因数有所增加。当轴的转速达到一定程度后，若轴的转速再增大，摩擦因数变化很小。图中原点 O 到临界点 A 之间区域为非液体摩擦区，临界点 A 后面区域为液体摩擦区，这个区域是滑动轴承正常工作区域。实验时对应一定载荷 W（载荷 W 可预先确定）的条件下，顺时针旋控制箱上电动机调速旋钮，逐级增大轴的转速，测量出每一级转速下的 n、I、U（图 2.30），并将测量数据记录于表 2.13 中，根据测量出的数据和已知条件计算出某转速下摩擦因数 f 和滑动轴承特性系数 λ。将不同转速下对应的摩擦因数 f 和滑动轴承特性系数 λ 列入表 2.13，根据表格中的摩擦因数 f 和滑动轴承特性系数 λ 绘制出滑动轴承特性曲线。

❋ 滑动轴承摩擦因数测量

图 2.30 控制面板

表 2.13 液体摩擦状态下参数记录表

参数 次数	载荷 W /N	转速 n /(r·min⁻¹)	电流表读数 /A	电压表读数 /V	摩擦因数 f	特性系数 λ
1	1 386 N					
2						
3						
4						
5						
6						
7						
8	1 746 N					

5. 绘制滑动轴承径向油膜压力分布曲线，回答思考题

实验过程中，将轴的转速调整为 100 r/min 左右，当油压表压力值稳定后，按压力表编号顺序记录载荷为 1 386 N 和 1 746 N 时的油压表压力值（注意压力表量程），将压力值填入表 2.14 中。根据表 2.14 数据按一定比例画出压力向量（注意向量方向），将压力向量首端用圆滑曲线连接，绘制出滑动轴承径向油膜压力分布曲线；再将轴的转速调整为 300 r/min 左右，记录载荷为 1 746 N 时的油压表压力值，将压力值填入表 2.14 中。

表 2.14 径向油膜压力值记录表

表号 载荷/转速	1	2	3	4	5	6	7
1 386 N/100 r·min⁻¹							
1 746 N/100 r·min⁻¹							
1 746 N/300 r·min⁻¹							

径向油膜压力分布曲线具体画法如下：首先画一个圆，然后依次由右向左，每隔 22°30′ 由圆心向下半圆画 7 条射线，交下半圆圆周 7 个点（7 个点即为轴瓦上 7 个油孔位置）。以下半圆上每个交点为基点，根据每个油压表测出的压力值，按一定比例线段（0.1 MPa=5 mm），沿射线画出压力向量 1′-1、2′-2、…、7′-7。用圆滑曲线连 1′、2′、…、7′各个点，即可得到滑动轴承径向油膜压力分布曲线，如图 2.31 所示。

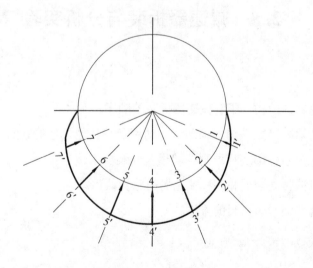

图 2.31 滑动轴承径向油膜压力分布曲线

2.7.6　已知条件

d=60 mm　　B=2×120=240 mm　　L=100 mm　　G=666 N

Q_1=20 N　　Q_2=30 N　　i 杠杆放大=36　　η=0.34 Pa·s

$W_1=i$ 杠杆放大·Q_1+G=36×20 + 666 =1 386 (N)

$W_2=i$ 杠杆放大·Q_2+G= 36×30 + 666 =1 746 (N)

$q_1=W_1/(B·d)$=1 386/(240×60)=0.096 (Mpa)

$q_2=W_2/(B·d)$=1 746/(240×60)=0.121 (Mpa)

2.7.7　思考题

（1）液体形成动压需要哪些条件？

（2）根据实验数据回答，当滑动轴承转速不变、载荷增大时，径向油膜压力有何变化？

（3）根据实验数据回答，当滑动轴承载荷不变、转速升高时，径向油膜压力有何变化？

2.7.8　实验报告要求

（1）实验报告内容：实验目的、实验设备结构及其工作（测试）原理（包括示意图）、已知条件、原始数据、相关计算公式、实验曲线和思考题等。

（2）曲线要求绘制在坐标纸上。两条特性曲线绘制在同一图中，两条径向油膜压力分布曲线（n=100 r/min，W_1=1 386 N，W_2=1 746 N）绘制在同一图中，每一条曲线上要标注实验条件（如载荷、转速等）。

2.8　减速器拆装与分析实验

2.8.1　实验目的

（1）熟悉减速器的结构，了解减速器拆装的顺序。

（2）熟悉减速器各个零件的结构形状、功用及与其他零件的装配关系。

（3）了解七大类附件的选择原则、功用及安装要求。

（4）增强对机械传动装置和各种减速器的感性认识。

（5）了解减速器润滑与密封的方法。

2.8.2　实验要求

（1）参观各种运输机械，了解减速器在系统中的位置及作用。

（2）观察典型减速器类型及结构。

（3）按正确顺序拆卸减速器及各轴系，认识并理解减速器结构及各零件的功用、结构、位置和装配关系。

（4）了解测量齿面接触斑点、齿侧间隙及调整轴承间隙的方法。

2.8.3　实验设备及工具

（1）各种运输机械（模型）。

（2）各种拆装用减速器，主要有：

① 一级圆柱齿轮减速器；

② 二级展开式圆柱齿轮减速器；

③ 二级同轴式圆柱齿轮减速器；

④ 二级圆锥圆柱齿轮减速器；

⑤ 剖分式蜗杆减速器；

⑥ 整体式蜗杆减速器。

　※ 一级圆柱齿轮减速器　　　※ 二级展开式圆柱齿轮减速器　　　※ 剖分式蜗杆减速器

（3）减速器展柜及挂图：展示多种典型减速器结构、附件、箱体加工、轴加工过程的展柜等。

（4）各种工具和量具：卡尺、钢板尺、轴承拆卸器、扳手、铅丝等。

2.8.4　实验步骤

（1）认识各种典型减速器及其结构形式。

（2）松开机盖与机座间的连接螺栓及轴承端盖螺栓，拔出定位销，利用起盖螺钉顶起机盖，拆开减速器，分析传动件的结构，观察传动件与箱体之间的距离。

（3）拆下各个轴系部件，分析其结构，了解安装、拆卸、固定、调整及润滑与密封的方法。

（4）通过所拆减速器及展柜，了解各种附件的功用、结构和位置。

（5）测量各种螺栓和箱体的有关尺寸，并把实验数据填入表 2.15 中。

表 2.15 减速器拆装实验数据

名　称	代号	减速器形式及尺寸	
		一级蜗杆减速器	二级齿轮减速器
地脚螺栓直径	d_f		
轴承旁连接螺栓直径	d_1		
机盖与机座连接螺栓直径	d_2		
轴承端盖螺栓直径	d_3		
窥视孔螺栓直径	d_4		
机座壁厚	δ		
机盖壁厚	δ_1		
机座凸缘厚度	b		
机盖凸缘厚度	b_1		
机座底凸缘厚度	b_2		
中心距	a		
中心高	H		
轴承座孔直径	D		
轴承端盖外径	D_2		
轴承座宽度	L		
上、下箱体筋板厚度	m		
	m_1		
大齿轮顶圆（蜗轮外圆）与箱体内壁的距离	Δ_1		
齿轮端面（蜗轮端面）与箱体内壁的距离	Δ_2		

（6）根据教师给出的相应设计题目（齿轮减速器或蜗杆减速器），对照实物和图 2.32、图 2.33，分析各零部件的功用并填入表 2.16 或表 2.17 中。

（7）完成实验后，将减速器装配好。

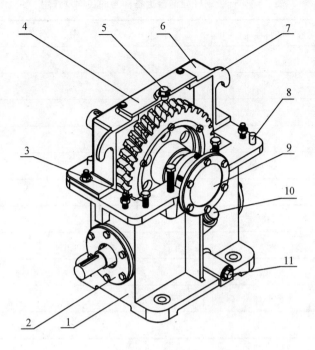

图 2.32　一级蜗杆减速器

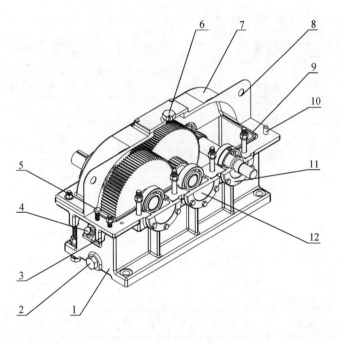

图 2.33　二级齿轮减速器

表 2.16　一级蜗杆减速器上各标号的名称及作用

序号	名　称	作　用
1		
2		
3		
4		
5		
6		
7		
8		
9		
10		
11		

表 2.17　二级齿轮减速器上各标号的名称及作用

序号	名　称	作　用
1		
2		
3		
4		
5		
6		
7		
8		
9		
10		
11		
12		

2.8.5　思考题

（1）设计铸造机体需要考虑哪些问题？

（2）在布置减速器机盖、机座连接螺栓、定位销、油标及吊耳的位置时应考虑哪些问题？

（3）减速器中的轴承采用哪种方式润滑与密封？为什么？

2.8.6　实验报告内容

（1）测绘各个尺寸，填入表 2.15。

（2）参照实物和图 2.32、图 2.33，分析各零部件的功用并填入表 2.16 或表 2.17 中。

（3）完成思考题。

第 3 章　综合型实验

3.1　刚性转子动平衡设计与试验

3.1.1　实验目的

（1）掌握刚性转子动平衡设计的原理和方法。

（2）掌握刚性转子动平衡试验的原理和方法。

3.1.2　实验设备及工具

（1）实验设备为 RYQ-30 型平衡机，如图 3.1 所示。

图 3.1　平衡机

（2）试验转子，如图 3.2 所示。

图 3.2　试验转子

（3）配重块及橡皮泥。

（4）天平。

3.1.3　实验预习内容

1. 动平衡相关基础知识

2. 动平衡设计的原理和方法

❋　转子动平衡概念

（1）动平衡设计原理。

在转子的设计阶段，尤其在设计高速转子及精密转子结构时，必须进行平衡计算，以检查惯性力和惯性力矩是否平衡。若不平衡则需要在结构上采取措施，以消除不平衡惯性力的影响，这一过程称为转子的平衡设计。转子的平衡设计分为静平衡设计和动平衡设计，静平衡设计指对于径宽比 $D/b \geqslant 5$ 的盘状转子，近似认为其不平衡质量分布在同一回转平面内，忽略惯性力矩的影响；动平衡设计指径宽比 $D/b < 5$ 的转子（如多缸发动机的曲轴、汽轮机转子等），其特点是轴向宽度较大，偏心质量可能分布在几个不同的回转平面内，因此不能忽略惯性力矩的影响。此时，即使不平衡质量的惯性力达到平衡，惯性力矩仍会使转子处于不平衡状态。由于这种不平衡只有在转子运动的情况下才能显现出来，因此称为动不平衡。为了避免动不平衡现象，在转子设计阶段，根据转子功能要求设计完转子后，需要确定出各个不同回转平面内偏心质量的大小和相位，然后运用理论力学中平行力合成与分解的原理将每一个离心惯性力分解为分别作用于选定的两个平衡基面内的一对平行力，并在每个平衡基面内按平面汇交力系求解，从而得出两个平衡基面分别所需的平衡配重的质径积大小和相位，然后在转子设计图纸上加上这些平衡质量，使设计出来的转子在理论上达到平衡。

（2）动平衡设计对象。

图 3.3 所示是一种组合式刚性转子，转子轴 1 上安装了 5、6、9、10 四个偏心圆盘，各偏心圆盘通过键与轴连接。由于偏心圆盘的质心不在转子轴线上，从而使转子产生动不平衡，所以需要对其进行动平衡设计。图中的偏心圆盘基本形状如图 3.4 所示，轴孔与外圆不同心，偏心距 $e=2$ mm。每个偏心圆盘的区别在于轴孔上所开键槽的位置不同，图 3.5 是偏心圆盘键

槽对称线及质心位置图，由图可见，无论键槽对称线在哪个位置，圆盘的质心均在其轴孔与外圆的连心线上。当偏心圆盘安装到转子轴上时，必须将键槽对准轴上键的位置，因此质心会随着圆盘的转动而转动，从而导致各圆盘的质心位置不同。本实验中有八种组合方案，各圆盘键槽角度及相位角对照见表3.1，被平衡转子的配重块是由如图3.6所示的圆环周向分度切制而成（楔形块），各有不同的质量，安装时需注意方向。

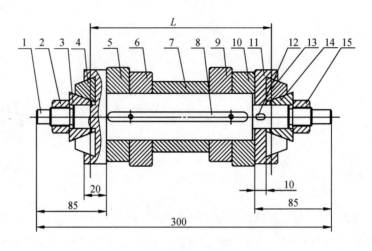

图 3.3   组合式刚性转子结构图

1—轴；2,15—螺母；3,14—压套；4,13—配重块；

5,6,9,10—偏心圆盘；7—套筒；8,12—键；11—刻度盘

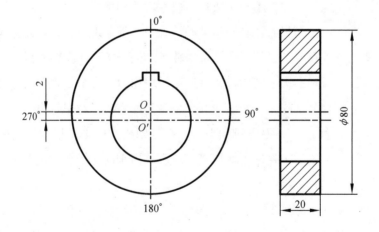

图 3.4   偏心圆盘结构图

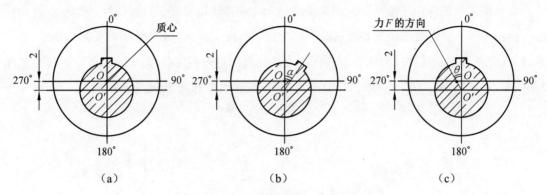

图 3.5　偏心圆盘键槽对称线及质心位置图

表 3.1　各圆盘键槽角度及相位角对照

方案号		A	B	C	D	E	F	G	H
转子轴结构图圆盘键槽角度 α	5	0º	0º	0º	0º	0º	0º	0º	0º
	6	140º	220º	140º	150º	200º	170º	210º	190º
	9	260º	50º	240º	340º	220º	120º	50º	80º
	10	100º	190º	70º	190º	10º	340º	220º	300º
动平衡计算代入的相位角 θ	5	0º	0º	0º	0º	0º	0º	0º	0º
	6	220º	140º	220º	210º	160º	190º	150º	170º
	9	100º	310º	120º	20º	140º	240º	310º	280º
	10	260º	170º	290º	170º	350º	20º	140º	60º

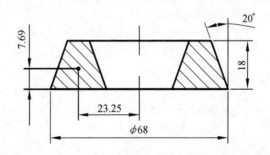

图 3.6　配重块结构

（3）已知条件。

设计中所用数据见表 3.1。

安装配重块的两个平衡基面间距离 L=165.38 mm；轴孔与质心的偏心距 e=2 mm（r_1= r_2= r_3= r_4=e）；两个平衡配重块质心所在的回转半径 r_1= r_{II}=23.25 mm；转子材料为 Q235，密度为 7.85×10^3 kg/m³（注：因圆盘安装在轴上，计算质量时按实心计算）。另外，坐标系如图3.7 所示，竖直方向为 0°，顺时针为正，计算相位角时要与此坐标一致。

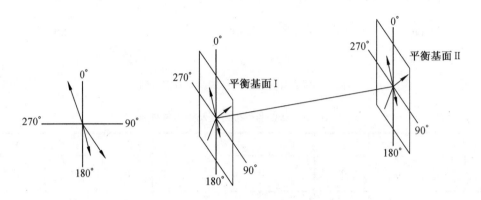

图 3.7   两个平衡基面的参考坐标

（4）转子动平衡设计方法及步骤。

① 根据转子的结构确定出偏心质量所在的平面，并计算各偏心质量 m_1、m_2、m_3、…、m_i，向径 r_1、r_2、r_3、…、r_i，相位角 θ_1、θ_2、θ_3、…、θ_i 和惯性力 F_1、F_2、F_3、…、F_i。

② 选定平衡基面 I 和 II，将 F_1、F_2、F_3、…、F_i 分解到所选定的平衡基面 I 和 II，其分力分别为 F'_1、F'_2、F'_3、…、F'_i 和 F''_1、F''_2、F''_3、…、F''_i。设在平衡基面 I 和 II 面上所加的配重块质量为 m_I、m_{II}，其向径为 r_1、r_{II}，其相位角为 θ_I、θ_{II}；确定两个平衡基面 I、II 之间距离为 L，各个偏心质量分别到平衡基面 I 的距离为 l'_1、l'_2、l'_3、…、l'_i，到平衡基面 II 的距离为 l''_1、l''_2、l''_3、…、l''_i。

③ 列出平衡基面 I 和 II 的动平衡方程式。

$$m_I r_1 + \frac{l''_1}{L} m_1 r_1 + \frac{l''_2}{L} m_2 r_2 + \frac{l''_3}{L} m_3 r_3 + \cdots + \frac{l''_i}{L} m_i r_i = 0$$

$$m_{II} r_{II} + \frac{l'_1}{L} m_1 r_1 + \frac{l'_2}{L} m_2 r_2 + \frac{l'_3}{L} m_3 r_3 + \cdots + \frac{l'_i}{L} m_i r_i = 0$$

④ 求解 m_I、θ_I 和 m_{II}、θ_{II}。

a. 解析法：

★ 列出平衡基面 I 和 II 的动平衡方程式分别在 x、y 方向上的投影方程式。

$$x: m_1 r_1 \cos \theta_1 = -(m_1 r_1 \frac{l_1''}{L} \cos \theta_1 + m_2 r_2 \frac{l_2''}{L} \cos \theta_2 + \cdots + m_i r_i \frac{l_i''}{L} \cos \theta_i)$$

$$y: m_1 r_1 \sin \theta_1 = -(m_1 r_1 \frac{l_1''}{L} \sin \theta_1 + m_2 r_2 \frac{l_2''}{L} \sin \theta_2 + \cdots + m_i r_i \frac{l_i''}{L} \sin \theta_i)$$

$$x: m_{II} r_{II} \cos \theta_{II} = -(m_1 r_1 \frac{l_1'}{L} \cos \theta_1 + m_2 r_2 \frac{l_2'}{L} \cos \theta_2 + \cdots + m_i r_i \frac{l_i'}{L} \cos \theta_i)$$

$$y: m_{II} r_{II} \sin \theta_{II} = -(m_1 r_1 \frac{l_1'}{L} \sin \theta_1 + m_2 r_2 \frac{l_2'}{L} \sin \theta_2 + \cdots + m_i r_i \frac{l_i'}{L} \sin \theta_i)$$

计算出 $m_1 r_1$、$m_{II} r_{II}$、θ_1、θ_{II}。

★ 选取 m_1、m_{II} 在平衡基面的向径 r_1 和 r_{II}，计算出 m_1、m_{II}。

b. 图解法：

★ 取质径积（$m_i r_i$）比例 μ_{mr}；

★ 分别作出平衡基面 I、II 质径积矢量多边形，求出 $m_1 r_1$、θ_1 和 $m_{II} r_{II}$、θ_{II}；

★ 分别选取平衡质量 m_1、m_{II} 在平衡基面 I、II 的向径 r_1 和 r_{II}，计算出 m_1 和 m_{II}。

（5）动平衡设计报告。

① 转子结构示意图。图中需标明平衡基面的位置、不平衡质量所在回转平面位置和不平衡质量所在的向径。

② 转子动平衡设计参数：转子材料密度 ρ，偏心圆盘质量大小 m_i，相位角 θ_i，两个平衡基面之间的距离 L，各偏心质量分别到平衡基面 I、II 的距离 l_i'、l_i''，平衡基面上的向径 r_1、r_{II}，偏心距 e。

③ 动平衡设计计算（要求列出平衡基面动平衡方程式，采用解析法和图解法两种方法来进行计算）。

3.1.4　动平衡机的结构及其工作原理

动平衡机的种类很多，常见的是软支承式动平衡机。各种类型的动平衡机原理基本相同。把被平衡的转子置于支承系统上，电机通过一定方式驱动转子旋转，其不平衡质量将产生离心惯性力，支承系统在该力的作用下产生振动，与支承系统相连接的转换装置将振动信号转换后送入电测系统进行处理，通过显示装置得到不平衡质量的大小及相位。

1. 动平衡机的组成

动平衡机主要由支承系统、驱动系统和测量系统三大部分组成。现以 RYQ-30 型平衡机为例，介绍其主要结构，如图 3.8 所示。

支承系统如图 3.9 所示，包括：支承转子滚轮、摆架、弹簧杆。驱动系统如图 3.10 所示，包括：转子、传动带、导向轮、张紧轮、驱动轮（由电机带动）。

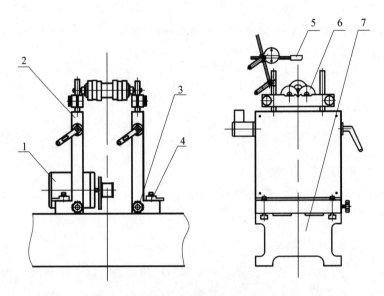

图 3.8　RYQ-30 型动平衡机的组成示意图

1—驱动电机；2—安全架；3—支架距离调节旋钮；4—支架锁紧手柄；
5—光电传感器；6—支承转子滚轮；7—底座

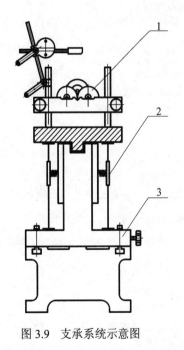

图 3.9　支承系统示意图

1—支承转子滚轮；2—弹簧杆；3—摆架

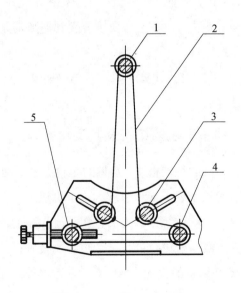

图 3.10　驱动系统示意图

1—转子；2—传动带；3—导向轮；4—驱动轮；5—张紧轮

2. 工作原理

RYQ-30 型平衡机工作原理如图 3.11 所示，被测转子置于左、右摆架上，由驱动系统带动使其旋转，不平衡质量所产生的离心力激励摆架振动，左、右传感器将振动信号转换成电信号输入 DTZ900 电测系统，光电传感器则为系统提供一个频率/相位基准信号。DTZ900 电测系统软件 CAB 采用现今流行的 VB 语言编写，并按功能构成各个模块，具有极好的扩充能力，完成数据采集和计算、平面分离运算、过程控制等任务，最后通过屏幕显示器显示出不平衡质量大小和相位。

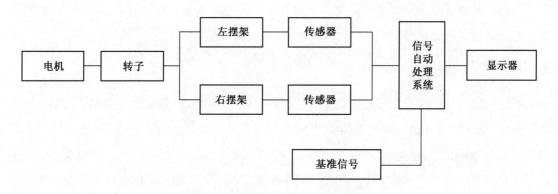

图 3.11 RYQ-30 型平衡机工作原理框图

RYQ-30 型平衡机测试系统原理图如图 3.12 所示。

系统软、硬件分工如下：硬件完成振动信号的处理任务，使系统具备良好的实时性；软件完成运算、控制和其他扩展功能的实现。

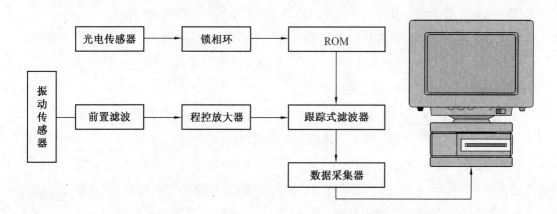

图 3.12 RYQ-30 型平衡机测试系统原理图

信号预处理采用了多阶积分电路，用来抑制噪声，改善信噪比。程控放大器在计算机的控制下根据不平衡信号大小而改变增益。

窄带跟踪式滤波器完成被测信号的信噪分离。

A/D 转换器将经过滤波的信号（不平衡信号）进行采样、量化，输入计算机，它同时还能完成对其他信号（如系统自检、转速信号）的采集。

DTZ900 电测系统软件 CAB 采用现今流行的 VB 语言编写，并按功能构成各个模块，具有极好的扩充能力。

它所完成的基本任务有：

数据采集和计算；平面分离运算；过程控制（测量、显示、键盘和打印控制）；系统自检；系统定标；统计记录。

3.1.5 实验步骤

经过平衡设计的转子在理论上是完全平衡的，但是由于制造和装配上的误差及材质不均匀等原因，实际生产出来的转子在运转时还会出现不平衡现象。由于这种不平衡现象在设计阶段是无法确定和消除的，因此需要用试验的方法对其做进一步平衡。这种平衡通常都是在动平衡机上进行的，通过动平衡机测量出两个平衡基面上不平衡质量的大小和相位，然后进行配重或去重，最终达到所要求的平衡精度。下面介绍应用 RYQ-30 型平衡机进行动平衡测试的步骤。

1. 动平衡试验前的准备

（1）将动平衡设计阶段求得的平衡配重按相位安装到转子上。为了锻炼学生进行动平衡设计的能力，所以先计算然后添加配重，而实际生产当中在转子加工时就应该将设计配重加好，生产出来的转子在理论上是平衡的。因此，在实际的动平衡试验时不需要这一步操作。

※ 试验前准备

（2）根据被平衡转子的支承距离大小，转动手柄通过链轮及链条使支架左右移动，位置调好后将手柄固定（实验前已调整好）。

（3）将安装好设计配重并已紧固的转子轻轻置于摆架上，调节左、右摆架的高低使转子两端轴处于同一高度，套上传动带通过调节装置调好传动带的松紧。

（4）在转子的左端圆周上贴一个黑色不反光标记（实验前已贴好），将光电传感器探头对准黑色标记，然后固定探头。用手转动转子，观察光电传感器指示灯是否在黑色标记处灭，在其他处亮，如果不是，再次调整探头。

2. 不平衡质量的测量

（1）接通 220 V 电源，转动 QS 开关，打开计算机电源，打开平
衡测试软件，进入测量状态，如图 3.13 所示。

（2）检查设置，确定为：加重方式（屏幕显示为"人"）、平面
方式（左、右上角分别显示"平面 1"和"平面 2"，如果不是这个状
态，可用"+"调整为加重，用"F8"调整为平面方式。

※　平衡机的设置

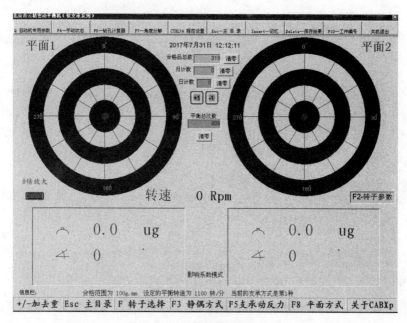

图 3.13　动平衡机测试界面

（3）进行转子参数设置。

① 测量状态下，按 Esc 键，弹出"主目录"，如图 3.14 所示。用方向键把光标移至"转
子参数设置"，按 Enter 键，进入"转子参数设置"界面，如图 3.15 所示。

图 3.14　"主目录"界面

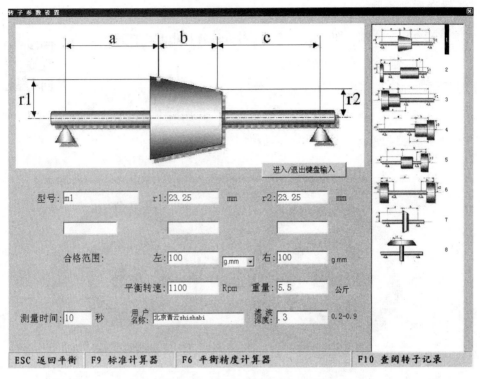

图 3.15 "转子参数设置"界面

② 按方向键移动光标选择支承方式（本实验为第一种支承方式，即两个平衡基面位于左、右支承之间），然后按 Enter 键确认，显示转子支承方式示意图。

③ 根据图 3.15 中所示参数，输入 r_1、r_2、合格范围、平衡转速、转子的重量、测量时间等数据，其中"合格范围"是根据转子的平衡精度来设置的，"平衡转速"按照转子的工作转速来设定。数据输入完成后按 Esc 键，机器返回平衡测量状态。

（4）平衡机的校准（定标）。校准是为了保证整机的测量精度，消除两个平衡基面的相互干扰，保证整机的解算比在合格范围内，以便准确进行平衡。

※ 平衡的校准

① 测量状态下，按 Esc 键，弹出"主目录"（图 3.14），选择"平衡机的校准（定标）"。

② 在表格"平面 1"栏内，"定标质量"填入 8，"定标角度"填入 0，然后按 Esc 键，取 8 g 橡皮泥试重，按选取的平衡半径贴于转子第一个平衡基面（左端）0°处。

③ 按控制柜上的绿色"启动"按钮，启动转子旋转，按 Enter 键进入测量状态，待转速显示稳定后，按 Enter 键开始测量。一次测量完成后，按 Enter 键再次测量，一般测量 3 次。以下的测量过程均如此。

④ 按控制柜上的红色"停止"按钮，停车后，按 Esc 键，在表格"平面 2"栏内，"定标质量"填入 8，"定标角度"填入 0。按 Esc 键，取下左端的 8 g 橡皮泥试重，贴于转子第二个平衡基面（右端）0°处。然后启动转子并按 Enter 键进入测量状态（具体同上一步操作），完成测量过程。

⑤ 按控制柜上的红色"停止"按钮，停车后，按 Esc 键，取下右端的 8 g 橡皮泥试重，重新启动转子进行测量。测量结束后，按控制柜上红色"停止"按钮，按 Esc 键两次，屏幕显示"ok"即定标结束。按"确定"返回测量界面。

⑥ 定标过程必须严格按规定步骤进行，操作过程中如有错误，可按"Ctrl+Q"返回平衡测量状态，重新完成定标过程。

（5）测量不平衡质量。

① 在测量状态下，按绿色"启动"按钮，按 Enter 键测量，按两次测量，数据稳定后分别记录两个平衡基面不平衡质量的大小及相位。

❋ 平衡的测量

② 若不平衡，根据测量结果添加配重。使用天平称重橡皮泥，按显示相位分别加在转子两个平衡基面上，再次进行测量，如果两个平衡基面均显示"进入合格范围"，则实验结束，记录不平衡质量的大小及相位，即"剩余不平衡质量"。也就是说，要完全消除转子的动不平衡现象是不可能，只要达到精度要求即可。

③ 若一次平衡合格，两个平衡基面均显示"进入合格范围"，则实验结束，需记录不平衡质量和剩余不平衡质量为相同数据，说明平衡一次合格。

3.1.6 思考题

（1）静平衡与动平衡有何区别？哪些构件需要进行动平衡？
（2）何谓转子动平衡设计？转子动平衡设计与动平衡试验有何区别？
（3）在需要平衡的转子上如何选择平衡基面？
（4）影响转子平衡精度的主要因素有哪些？

3.1.7 实验报告内容

（1）实验目的。
（2）实验设备。
（3）刚性转子动平衡设计报告（采用解析法、图解法）。
（4）测量数据。
（5）实验结果分析（叙述一次平衡合格或一次平衡不合格的原因）。
（6）完成思考题。

3.2 轴系部件设计与分析实验

3.2.1 实验目的

（1）熟悉并掌握轴及轴上零件的结构、功用、工艺要求和装配关系。

（2）熟悉轴的结构设计和轴系部件组合设计的基本要求，掌握轴及轴上零件的定位与固定方法，以及轴承的调整、润滑和密封方法。

（3）通过轴系部件的组装与测绘，学会对现有机械部件进行结构分析，培养结构设计能力。

3.2.2 实验预习内容及准备

（1）轴的结构设计要求及轴毂连接方式。

（2）滚动轴承的类型及其选择。

（3）轴系部件组合设计方法。

※ 轴的结构设计（一）※ 轴的结构设计（二）※ 轴毂连接 ※ 滚动轴承的类型 ※ 轴系部件组合设计

3.2.3 实验设备及工具

（1）实验设备：如图 3.16 所示为轴系部件实验箱及箱中的零件，每套有 6 个轴系部件实验箱，可以组装出 12 种方案。

（2）工具：游标卡尺、钢板尺、活扳手等。

图 3.16　轴系部件实验箱及箱中的零件

3.2.4　轴系部件设计实验方案及轴系部件装配图示例

（1）轴系部件结构设计实验方案见表 3.2。

（2）为使学生学会绘制轴系部件装配图，给出了满足不同设计条件的四张示例图（图 3.17～3.20），并给出了不同密封装置示例图（图 3.21、图 3.22）和局部结构示例图（图 3.23～3.25）。

3.2.5　实验内容与要求

（1）每组两人，自主选定方案后，认真分析方案，充分理解设计要求。

（2）按照方案，从实验箱中选择相应的零件实物，按照装配工艺要求的顺序装到轴上，完成轴系部件的装配。此处需要注意以下几项：

① 合理选择滚动轴承类型；

② 根据支承方式（两端固定或一端固定、一端游动）确定轴承内、外圈的固定方法；

③ 根据润滑方式选择相应的轴承座及端盖，并考虑透盖处密封方式（毛毡圈、橡胶圈）；

④ 考虑轴上零件拆装、固定、轴承间隙的调整等问题。

（3）安装完成后检查轴系结构是否合理，并对不合理结构提出修改方案。合理的轴系结构应满足下述要求：

① 轴上零件定位准确、固定（轴向、周向）可靠；

② 轴上零件装拆方便，轴的加工工艺性良好；

③ 轴承的固定、润滑及密封方式应符合给定的设计条件，轴承间隙调整方便；

④ 轴受力合理，尽量减少应力集中。

（4）轴系部件拆卸后，测绘各零件的实际结构尺寸，按 1:1 比例画出轴承部件的结构图。

（5）将轴系部件的所有零件放回实验箱内，将工具摆放好。

3.2.6　实验报告的内容

（1）实验目的。

（2）轴系部件设计实验方案。

（3）轴系部件装配图，在 3 号图纸上用 1:1 比例绘制，要求装配关系表达正确，注明必要尺寸（轴承内、外圈与轴、孔配合尺寸，齿轮或蜗轮与轴配合尺寸），要有标题栏，零件序号可省略。

（4）轴系部件的结构分析（简要说明：轴及轴上零件的定位固定方式及其特点；轴承游隙的调整方法；轴承配合的选择；轴承的润滑与密封方式及其特点；传动件上的载荷是如何传递到机座上的）。

（5）体会与建议。

表 3.2　轴系部件结构设计实验方案

方案号	轴系布置简图	轴系部件固定方式	传动件	润滑方式	密封方式	轴承端盖
1		两端固定	斜齿轮	油润滑	橡胶圈	凸缘式
2		两端固定	直齿轮	脂润滑	毛毡圈	凸缘式
3		两端固定	直齿轮	脂润滑	毛毡圈	凸缘式
4		两端固定	斜齿轮	油润滑	橡胶圈	凸缘式
5		两端固定	斜齿轮	油润滑	橡胶圈	嵌入式
6		两端固定	直齿轮	脂润滑	毛毡圈	嵌入式
7		两端固定	直齿轮	脂润滑	毛毡圈	嵌入式
8		两端固定	斜齿轮	油润滑	橡胶圈	嵌入式
9		两端固定	蜗轮	脂润滑	毛毡圈	凸缘式
10		两端固定	蜗杆	油润滑	橡胶圈	凸缘式
11		一端固定 一端游动	蜗杆	油润滑	橡胶圈	凸缘式
12		一端固定 一端游动	蜗杆	油润滑	橡胶圈	凸缘式

❋ 方案 1

❋ 方案 2

❋ 方案 3

❋ 方案 4

❋ 方案 5

❋ 方案 6

❋ 方案 7

❋ 方案 8

❋ 方案 9

❋ 方案 10

❋ 方案 11

❋ 方案 12

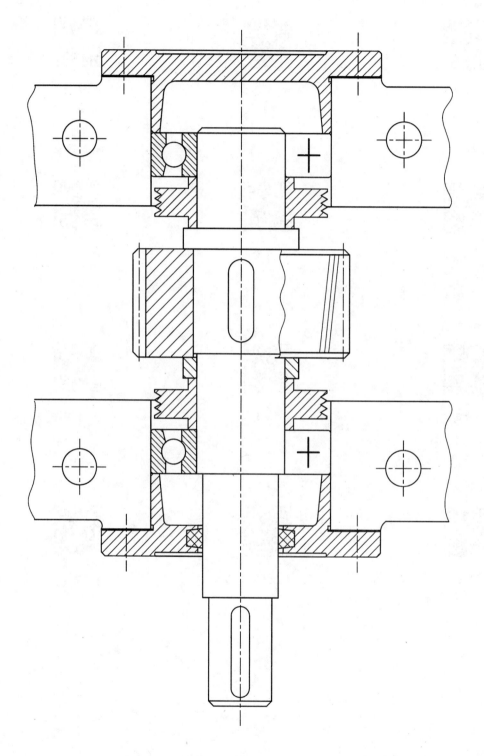

图 3.17 轴承部件装配图（一）

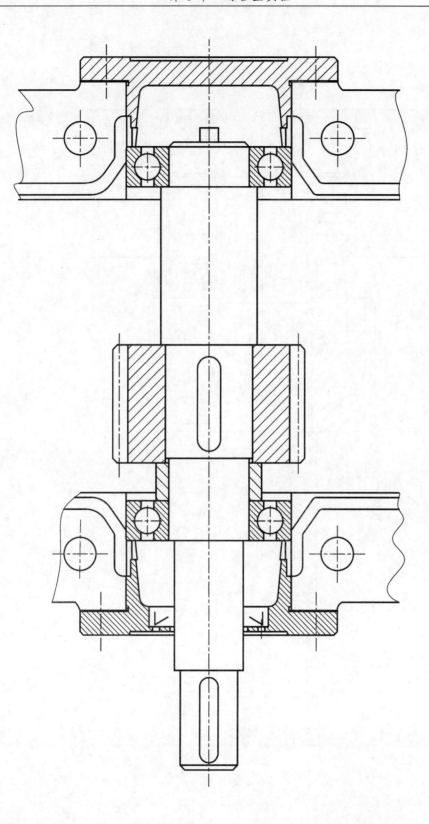

图 3.18　轴承部件装配图（二）

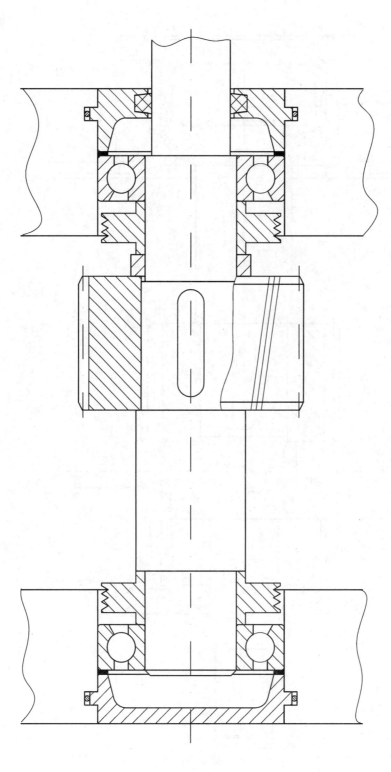

图 3.19 轴承部件装配图（三）

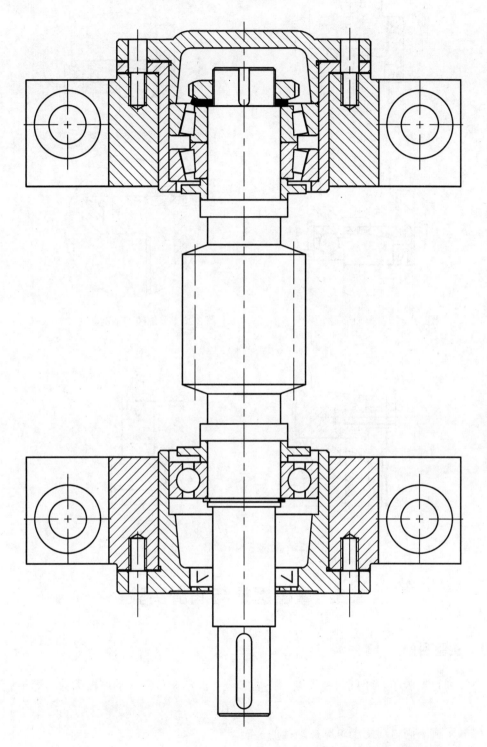

图 3.20 轴承部件装配图（四）

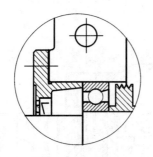
图 3.21 密封装置示例图（一）

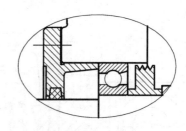
图 3.22 密封装置示例图（二）

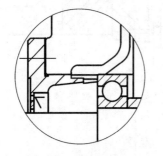
图 3.23 局部结构示例图（一）

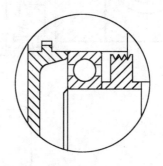
图 3.24 局部结构示例图（二）

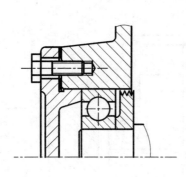

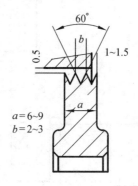

图 3.25 局部结构示例图（三）

3.3 摩擦磨损与润滑实验

3.3.1 实验目的

（1）通过实验了解不同材料配副、不同摩擦（润滑）状态时的摩擦因数与磨损量的变化。

（2）了解不同材料配副对摩擦磨损的影响。

（3）学会摩擦学实验的基本方法，学会相关仪器设备的使用方法。

3.3.2　实验设备及原理

1. 实验机

图 3.26 为 HIT-1 型球盘式摩擦磨损实验机原理图，图 3.27 为实验机。实验机主要技术指标：转速 n=100~500 r/min；最大载荷 W=10 N。

电动机 2 经带传动 1 驱动托盘 3 回转，下试件（圆盘）4 安装在托盘 3 上并随托盘 3 一起回转，上试件（球）5 装在夹头 6 中。载荷 P 由砝码 7 的重力 W 产生，摆杆 8 在摩擦力 F 作用下摆动，摆杆的另一端压在压力传感器 9 上，传感器上检测的力 Q 可由数据采集测试系统测得。工作时，可在下试件 4 表面涂抹少许润滑脂或润滑油（脂润滑/边界润滑），也可不加润滑剂（干摩擦）。

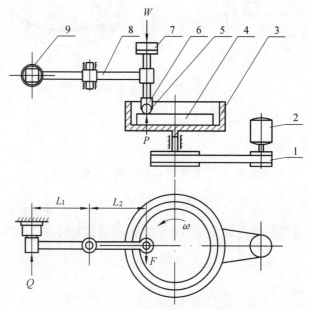

图 3.26　HIT-1 型球盘式摩擦磨损实验机原理图

1—带传动；2—电动机；3—托盘；4—下试件；5—上试件；
6—夹头；7—砝码；8—摆杆；9—压力传感器

❋ 摩擦磨损实验机

图 3.27　实验机

2. 试件

试件结构及尺寸如图 3.28 所示，上试件为球体，下试件为圆盘。上试件选用标准轴承球，材料为 GCr15 钢或 Si_3N_4 陶瓷等。下试件材料根据实际需要可选用钢、铜、铸铁或非金属材料等。

❋ 试件外观

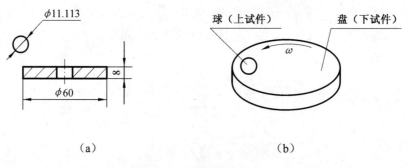

（a）　　　　　　　　　　（b）

图 3.28　试件结构及尺寸

3. 摩擦因数测试原理

如图 3.26 所示，作用在试件上的载荷 P 由砝码重力 W 产生，P 与 W 的关系为

$$P=W \quad （N）$$

作用在上试件 5 上的摩擦力 F 与作用在压力传感器 9 上的力 Q 的关系为

$$QL_1=FL_2$$

实验时调整 $L_1=L_2$，则

$$Q=F$$

摩擦因数为

$$f=\frac{F}{P}=\frac{Q}{W}$$

所以，只要预先确定加载砝码的重力 W，再测出压力传感器受力 Q 的大小，即可计算出摩擦因数 f。

4. 数据采集测试系统

本实验机配有数据采集测试系统，图 3.29 为数据采集测试系统工作框图。系统的硬件包括：传感器、信号放大器、数据采集卡、计算机等。软件（摩擦磨损实验测试系统）是实验中心自己开发的，图 3.30 为测试系统软件界面。

图 3.29　数据采集测试系统工作框图

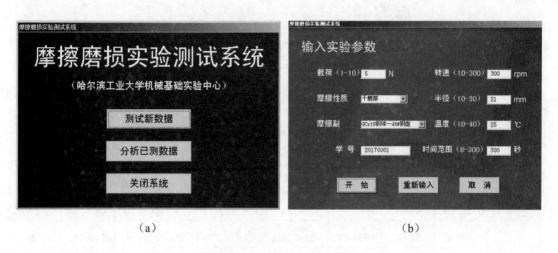

图 3.30　测试系统软件界面图

数据采集测试系统处理数据的结果（实验结果）可由计算机直接生成摩擦因数随时间的变化曲线，在计算机屏幕上显示，有以下两种输出形式：

（1）摩擦因数随时间的变化曲线可以直接存成图片文件格式，如图 3.31 所示。

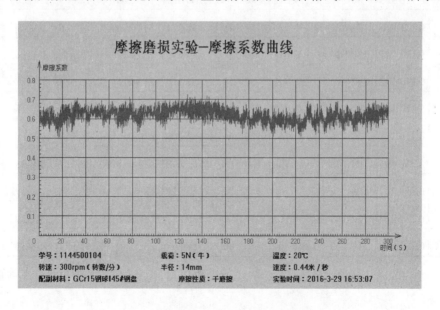

图 3.31　图片格式的摩擦因素曲线

（2）摩擦因数随时间的变化也可以存成 Excel 数据文件格式，如图 3.32 所示。学生也可根据数据手工绘制摩擦因数随时间的变化曲线，如图 3.33 所示，还可以使用数据处理软件绘制不同的图形曲线。

实验后学生把摩擦因数的图形文件和数据文件拷回，撰写实验报告时使用。

摩擦磨损实验——摩擦系数数据

（哈尔滨工业大学机械基础实验中心）

学号：1　　　　　　　摩擦副：GCr15 钢球-45#钢盘　　　摩擦性质：脂润滑

载荷：5 N　　　　　　速度：0.157 m/s　　　　　　　　　半径：10 mm

时间：300 s　　　　　转速：150 r/min　　　　　　　　　温度：20 ℃

数据条数：30 000　　　实验时间：2014-12-4　　14:39:06

时间/s	平均值	时间/s	平均值	时间/s	平均值	时间/s	平均值	时间/s	平均值
0-4	0.002 842	60-64	0.122 747	120-124	0.141 42	180-184	0.158 542	240-244	0.186 54
4-8	0.009 692	64-68	0.123 222	124-128	0.142 919	184-188	0.161 94	244-248	0.188 56
8-12	0.078 073	68-72	0.125 414	128-132	0.143 284	188-192	0.162 042	248-252	0.191 551
12-16	0.111 012	72-76	0.127 709	132-136	0.146 362	192-196	0.165 037	252-256	0.191 459
16-20	0.110 106	76-80	0.128 203	136-140	0.145 862	196-200	0.170 393	256-260	0.198 477
20-24	0.110 923	80-84	0.129 222	140-144	0.146 395	200-204	0.172 069	260-264	0.200 216
24-28	0.111 466	84-88	0.130 694	144-148	0.148 471	204-208	0.172 136	264-268	0.204 086
28-32	0.112 087	88-92	0.132 681	148-152	0.147 619	208-212	0.172 51	268-272	0.205 834
32-36	0.113 052	92-96	0.132 775	152-156	0.152 766	212-216	0.175 732	272-276	0.207 492
36-40	0.114 402	96-100	0.133 908	156-160	0.151 13	216-220	0.176 041	276-280	0.211 114
40-44	0.115 311	100-104	0.136 141	160-164	0.153 804	220-224	0.177 206	280-284	0.212 61
44-48	0.116 091	104-108	0.135 736	164-168	0.155 572	224-228	0.183 257	284-288	0.214 431
48-52	0.118 287	108-112	0.137 88	168-172	0.155 922	228-232	0.186 364	288-292	0.218 42
52-56	0.119 214	112-116	0.138 201	172-176	0.159 351	232-236	0.184 332	292-296	0.221 671
56-60	0.121 053	116-120	0.141 307	176-180	0.158 397	236-240	0.185 352	296-300	0.228 436

打印出的数据是每 4 秒的平均值；摩擦系数总平均值：0.151 634

图 3.32　计算机记录的摩擦因数 Excel 文件格式数据

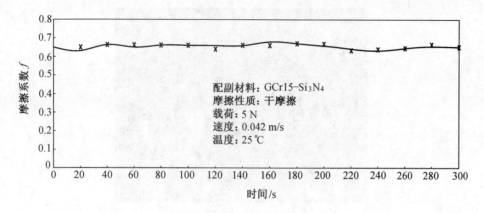

图 3.33 手工绘制的摩擦因数随时间变化的曲线

5. 磨痕观察测量系统

磨痕观察测量系统包括金相数码显微镜、二维图像测量软件两部分，如图 3.34 和图 3.35 所示。

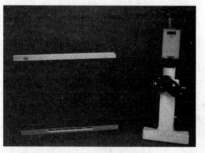

❋ 金相数码显微镜外观

图 3.34 金相数码显微镜

通过二维图像测量软件可以拍摄磨痕照片（图 3.35），通过金相数码显微镜可以观察磨痕表面形貌，如图 3.36 所示。

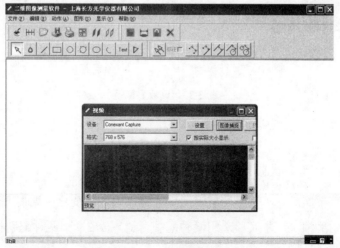

图 3.35 二维图像测量软件

图 3.36　磨痕表面形貌

6. 磨痕宽度测试

使用读数显微镜对磨痕宽度（长度磨损量）进行测试，图 3.37 所示为读数显微镜的实物、结构原理图和目镜视场中所看到的字和刻线。

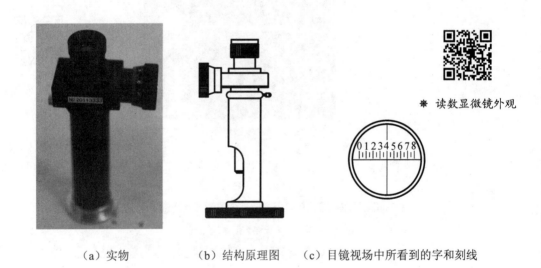

❋　读数显微镜外观

（a）实物　　　　　　（b）结构原理图　　　（c）目镜视场中所看到的字和刻线

图 3.37　读数显微镜

3.3.3　实验内容

1. 相同摩擦（润滑）状态下不同材料配副的实验

在干摩擦条件下实验，了解不同材料配副时摩擦因数的变化；观察下试件磨痕形貌及宽度，了解材料的耐磨情况。本实验选用两种配副材料，表 3.3 为两种配副材料的编号。

表 3.3 配副材料的编号

编号	1	2
配副材料	GCr15 钢球-45#钢盘	GCr15 钢球-黄铜

2. 相同材料配副不同摩擦（润滑）状态下的实验

分别进行有润滑和无润滑条件下的实验，了解有、无润滑时摩擦因数的变化；观察下试件磨痕形貌及宽度，了解有、无润滑时的耐磨情况。本实验选用两种摩擦（润滑）状态，表3.4 为两种摩擦（润滑）状态的编号。

表 3.4 摩擦（润滑）状态编号

编号	1	2
摩擦（润滑）状态	干摩擦	脂润滑

3.3.4 实验步骤与方法

1. 实验一：干摩擦条件下配副材料 1 的实验

（1）清洗试件。

在教师指导下选择试件，清洗干净。所用工具及物品：工具盘、超声清洗器、吹风机、丙酮或酒精、脱脂棉等。

❋ 清洗试件

（2）测试摩擦因数。

① 将试件安装在实验机上，加上加载砝码；

② 开启计算机，打开摩擦磨损实验系统界面，输入实验参数及有关数据；

③ 调整好转速和摩擦半径，并开启实验机和测试系统，此时在计算机屏幕上可看到摩擦因数随时间的变化曲线，将摩擦因数曲线直接保存成图片形式，如图 3.31 所示；

❋ 测试摩擦因数

④ 将实验数据保存成数据文件形式，如图 3.32 所示。学生根据实验数据在坐标纸上绘制出摩擦因数随时间的变化曲线，如图 3.33 所示。

❋ 表面观察形貌

（3）观察表面形貌。

将下试件拆下，在显微镜下观察下试件磨痕形貌，并通过二维图像测量软件拍下磨痕表面形貌照片（图 3.36），根据磨痕形貌分析其磨损形式。

（4）检测磨损量。

用读数显微镜测量磨痕的宽度（长度磨损量），并记录在表 3.5 和表 3.6（GCr15 钢球-45#钢盘（干摩擦））中。

2. 实验二：干摩擦条件下配副材料 2 的实验

实验步骤和方法见实验一，下试件磨痕宽度记录在表 3.5（GCr15 钢球-黄铜盘（干摩擦））中。

3. 实验三：脂润滑条件下配副 1 的实验

实验步骤和方法见实验一，实验时在下试件 45#钢盘上涂抹少许润滑脂，下试件磨痕宽度记录在表 3.6（GCr15 钢球-45#钢盘（脂润滑））中。

※ 检测磨损量

3.3.5 实验记录与数据处理

在实验过程中记录下相关的数据，拍摄相关的照片，留作原始数据，在进行数据和曲线的后处理及撰写实验报告时使用。

1. 磨痕宽度记录

将下试件磨痕宽度记录在表 3.5 和表 3.6 中。

表 3.5 干摩擦条件下两种配副材料的下试件圆盘磨痕宽度

材料配副	GCr15 钢球-45#钢盘（干摩擦）	GCr15 钢球-黄铜盘（干摩擦）
磨痕宽度/mm		

表 3.6 相同材料配副在两种摩擦（润滑）状态下的下试件圆盘磨痕宽度

摩擦（润滑）状态	GCr15 钢球-45#钢盘（干摩擦）	GCr15 钢球-45#钢盘（脂润滑）
磨痕宽度/mm		

2. 实验参数与各种图片

（1）实验条件记载（载荷大小、实验机的转速等）。

（2）实验机与上、下试件照片。

（3）磨痕表面形貌照片与摩擦因数表。

（4）摩擦因数数据文件。

3. 绘制摩擦因数随时间的变化曲线

根据三种实验条件下得到的摩擦因数的数据，每隔 30 s 取一点，参照图 3.33，在同一张坐标纸上绘制出三条摩擦因数随时间的变化曲线，并在每条曲线上标注实验条件（如配副材料、摩擦状态、载荷等）。

3.3.6　实验报告要求

1. 实验报告内容

实验报告内容包括：实验目的、实验设备及其工作原理（包括示意图、实物照片）、已知条件、原始数据、实验结果（曲线、照片、磨痕宽度）、思考题、实验感想等。

2. 思考题

（1）在干摩擦条件下，哪种配副材料的摩擦因数小？哪种配副材料的磨损量小？为什么？

（2）在相同材料条件下，哪种摩擦（润滑）状态下的摩擦因数小？哪种摩擦（润滑）状态下的磨损量小？为什么？

（3）根据磨痕表面形貌，分析三个实验各属于哪种磨损形式。

（4）怎样选择配副材料可使机械零件更耐磨？

3.4　机械系统运动方案及结构分析实验

3.4.1　实验目的

（1）了解典型机械的传动方式、典型零件的应用、典型零件的结构。

（2）通过对典型机械的传动方式及结构的分析，学习机械运动方案和结构设计的方法，培养学生的机械系统运动方案设计和结构设计能力及创新意识。

3.4.2　实验预习内容

（1）机构运动简图绘制、连杆机构分析和设计、齿轮机构设计和其他常用机构。

（2）螺纹连接、带传动、齿轮传动、蜗杆传动和机械传动系统方案设计等。

3.4.3　实验设备

1. 斗式上料机

斗式上料机如图 3.38 所示，主要知识点有：V 带传动；V 带　　　　　 ❋ 斗式上料机工作传动的张紧装置；链传动；链传动的张紧装置；蜗杆传动；同步带传动；螺栓连接；电机正反转的控制装置；滚动轴承；滑动轴承；润滑装置；钢丝绳锁紧装置；扭转弹簧。

图 3.38　斗式上料机

2. 冲压机床

冲压机床如图 3.39 所示，主要知识点有：V 带传动；V 带轮结构；带传动张紧装置；曲柄滑块机构；曲柄摇杆机构；棘轮机构；螺栓连接；防松装置；润滑装置；制动器；弹簧。

❊ 冲压机床工作

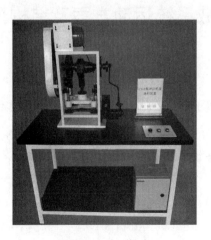

图 3.39　冲压机床

3. 步进输送机

步进输送机如图 3.40 所示，主要知识点有：蜗杆传动；齿轮传动；联轴器；平面连杆机构；轴系部件；滚子及输送机构；润滑装置；弹簧。

❊ 步进输送机工作

图 3.40 步进输送机

4. 分度及冲压装置

分度及冲压装置如图 3.41 所示，主要知识点有：槽轮机构；凸轮机构；气动冲压装置；电气控制系统；同步带传动；带传动张紧装置；轴系部件；蜗杆传动；润滑装置；弹簧。

※ 分度及冲压装置工作

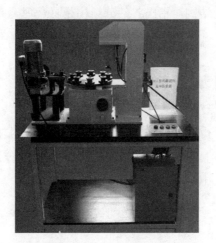

图 3.41 分度及冲压装置

5. 转位及输送装置

转位及输送装置如图 3.42 所示，主要知识点有：蜗杆传动；齿轮齿条传动；气动、电气控制系统；输送机构；抬升与转位机构；轴系部件；润滑装置；套筒滚子链传动。

※ 转位及输送装置工作

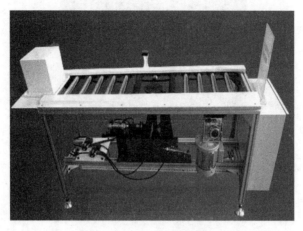

图 3.42　转位及输送装置

3.4.4　实验内容

（1）分析实验台机械传动的特点，并提出实现同样功能的其他方案。

（2）分析各种机构、零部件在设备上的应用，并提出可替代的方案。

（3）通过拆装各种典型结构，指出各部分结构是否合理，并进行说明。

3.4.5　实验方法与步骤

（1）实验分组进行（每班分成五组）。

（2）指导教师讲解实验台结构、知识点以及注意事项。

（3）各组按实验要求分析实验台，并掌握实验台包含的机械知识点。

（4）每组选出一名同学，讲解本组实验台的情况（按实验内容要求及主要知识点来讲解），使其他组同学都能对本组实验台有所了解。

（5）各组选出一名同学，按照机构运动简图标准画法，绘制本组实验台的机构运动简图（机构运动简图标准符号参考本书表 2.2）。

（6）各组其他同学，测绘指导教师指定的机械模型，并在课堂绘制此模型的轴系剖切视图（参考轴承部件测绘与分析实验，图 3.17 和图 3.18）。

（7）讨论环节：由讲解同学分析本组实验设备，其他同学听讲的同时，可以提出问题，大家讨论来解决。

3.4.6　注意事项

（1）本实验课为 4 学时，开放一周，学生可利用课外时间来实验中心拆装、测绘等。

（2）实验时注意安全，不要野蛮操作，防止出现安全事故和损坏机器。

3.4.7　实验报告内容

（1）实验目的。

（2）本组使用的实验台说明（实验台包含知识点及结构特点）。

（3）画出本组实验台机构运动简图，并说明运动传递路线。

（4）画出改进方案的机构运动简图，并说明改进情况。

（5）画实验台局部轴系剖视图（参考课堂剖视草图，用 3 号图纸 1:1 比例绘制）。

（6）实验体会与建议。

第4章 综合创新型实验

4.1 典型机械拆装与分析实验

4.1.1 实验目的

（1）了解四行程摩托车发动机及其传动系统的功能、结构和工作原理。

（2）分析各种机构在摩托车发动机及其传动系统中的应用。

（3）培养设计与分析机械系统运动方案的能力。

4.1.2 实验设备及工具

（1）实验设备：四行程摩托车发动机及其传动系统，如图 4.1 所示。

（2）工具：扳手、螺丝刀及其他专用工具。

图 4.1 四行程摩托车发动机及其传动系统

4.1.3　实验预习内容

1. 四行程摩托车发动机的组成

发动机是摩托车运动时的动力源，它是摩托车的主要组成部分。发动机主要包括气缸、活塞、活塞环、活塞销、连杆、曲轴等部件，以及点火、润滑、燃料供给等辅助部分。

（1）气缸。

发动机的气缸包括气缸头和气缸体两部分。结构如图 4.2 和图 4.3 所示。

（2）活塞、活塞环和活塞销。

活塞的作用是在燃烧气体产生的压力下，通过活塞销及连杆驱动曲轴旋转，其形状结构如图 4.4 所示。

活塞环的主要作用：

① 增加活塞的密封性能；

② 控制气缸壁上润滑油层的厚度；

③ 导热，以便于把活塞的热量传到气缸壁。

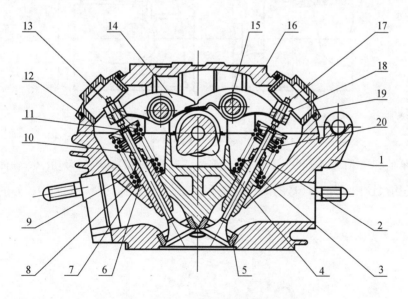

图 4.2　气缸头的结构图

1—气缸盖；2—气门油封；3—气门导管；4—凸轮轴；5—气门座；6—气门外弹簧垫圈；

7—气门内弹簧垫圈；8—气门外弹簧；9—气门内弹簧；10—排气门；11—气门锁夹；12—密封圈；

13—气门弹簧座；14—气门摇臂；15—摇臂轴；16—气缸盖罩；17—气门间隙调整螺钉；

18—气门间隙调整螺母；19—气门室盖；20—进气门

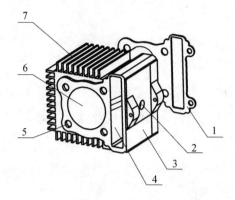

图 4.3　发动机气缸体的结构图

1—缸体垫片；2—链条导向滚轮轴安装孔；3—气缸体；　4—配气链条室；

5—双头螺栓过孔；6—气缸孔；7—散热片

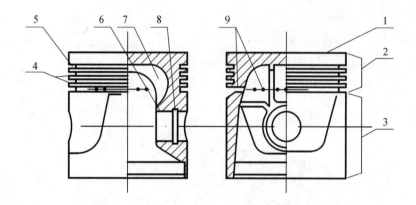

图 4.4　活塞的形状结构

1—顶部；2—环部；3—裙部；4—环岸；5—环槽；6—销座；7—加强筋；8—卡环槽；9—泄油孔及泄油槽

　　活塞销是用来连接活塞与连杆的，安装在活塞的销孔内，用弹簧卡圈固定，如图 4.5 所示。

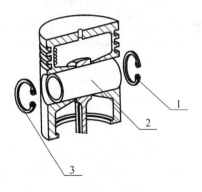

图 4.5　活塞销连接方式

1、3—卡圈；2—活塞销

（3）连杆。

连杆用于连接活塞与曲轴，在其间传递能量，并将活塞的直线往复运动转变成曲轴的旋转运动。

连杆一般采用优质钢材锻造，其断面呈工字形，如图 4.6 所示。连杆分大头、小头和杆身三部分。连杆的大头、小头分别有带保持架的滚针轴承。有些车型连杆小头是衬套，大头是滚针轴承。

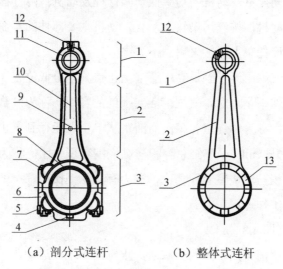

（a）剖分式连杆　　　（b）整体式连杆

图 4.6　连杆的结构

1—小头；2—杆身；3—大头；4、9—装配记号；5—连杆螺母；6—连杆盖；
7—连杆螺栓；8—轴瓦；10—连杆体；11—衬套；12—集油孔；13—集油槽

（4）曲轴。

曲轴分轴颈、曲柄和曲轴销三部分，如图 4.7 所示。曲轴的作用是把连杆的推力转变成扭矩，并带动配气以及点火、发电、润滑油泵等辅助机构进行工作。

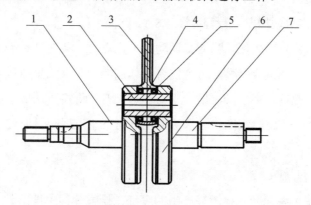

图 4.7　组合式曲轴

1—曲轴左部轴颈；2—曲轴销；3—连杆；4—滚针轴承；5—减磨垫；6—曲柄；7—曲轴右部轴颈

2. 发动机工作原理

汽油发动机的工作过程包括进气、压缩、做功（点火、爆发）、排气四个步骤，如图4.8所示。活塞在气缸内往复运动两次，曲轴旋转两周完成一个工作循环的发动机，称为四行程发动机；活塞在气缸内往复运动一次，曲轴旋转一周完成一个工作循环的发动机，称为两行程发动机。它们两者各有优缺点。四行程发动机耗油低、排气污染小，但结构复杂、维修难度大，造价较高，且同排量发动机的功率低于两行程发动机；两行程发动机的汽油、机油消耗量都高于四行程发动机，排气污染较大，且发动机主要部件的寿命也短于四行程发动机。目前这两种发动机在摩托车上均被采用。

行程是指活塞在气缸中运行到最高位置（上止点）至最低位置（下止点）的距离，单位为毫米（mm）。活塞在下止点时，气缸内活塞上部的容积，称为气缸总容积；活塞在上止点时，活塞上部的容积，称为燃烧室容积；而活塞从下止点运行到上止点所排出的容积，称为工作容积，单位为毫升（mL）。气缸总容积与燃烧室容积之比，称为压缩比；当气门完全关闭以后，活塞上部容积与燃烧室容积之比，称为有效压缩比。

四行程发动机的工作过程。

（1）进气行程（图4.8（a））。

进气门开启，排气门关闭，随着活塞从上止点向下止点运动，活塞上方的气缸工作容积增大，从而使气缸内的压力降低产生负压。这样，可燃混合气体便经进气道和进气门被吸入气缸。

（2）压缩行程（图4.8（b））。

进气门和排气门全部关闭，活塞由下止点向上止点运动。当活塞到达上止点时，可燃混合气体被压缩到活塞上方很小的空间内，即燃烧室中。可燃混合气体的压力升高到 0.6～1.5 Mpa，温度可达 600～700 K。

（3）做功（点火、爆发）行程（图4.8（c））。

进气门和排气门仍然关闭。当活塞运动到上止点时，装在气缸盖上的火花塞即发出电火花，点燃被压缩的可燃混合气体。可燃混合气体点燃后，火焰呈球状，均匀平稳的迅速扩大燃烧，放出大量的热能。燃气的温度和压力迅速上升，温度可达 2 200～2 800 K，压力可达 3.0～5.0 Mpa。高温高压燃气推动活塞从上止点向下止点运动，通过连杆推动曲轴旋转并输出机械能。

（4）排气行程（图4.8（d））。

在做功行程中可燃混合气体燃烧产生的废气在排气行程中排出。

在做功行程接近终了时，排气门开起，高温高压废气便从排气门排出，这种在废弃压力作用下的排气称为自由排气。活塞达到下止点后再向上止点运动时，活塞再将废气强制地排出。活塞到达上止点时排气行程结束。

发动机经过进气、压缩、做功、排气四个行程，即活塞在上止点、下止点间往复运动了四次，曲轴旋转两周，完成一个工作循环。

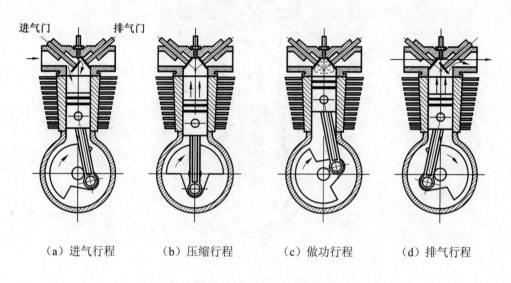

进气门　　排气门

（a）进气行程　　（b）压缩行程　　（c）做功行程　　（d）排气行程

图 4.8　四行程摩托车发动机工作原理图

3. 配气机构

配气机构的功用是按发动机所进行的工作循环和点火次序的要求，定时开起和关闭进气门、排气门，使新鲜的可燃混合气体得以及时进入气缸，废气得以及时排出气缸。

（1）配气机构的组成。

配气机构的组成如图 4.9 所示。

（2）配气正时。

进气门、排气门何时开起、何时关闭，与活塞的运动位置有关，而活塞的运动位置又与曲轴的转动位置有关。在进气行程的上止点进气门开起，下止点进气门关闭；在排气行程的下止点排气门开启，上止点排气门关闭；在压缩行程和做功行程，进气门和排气门均关闭。在一个工作循环中（曲轴转过 720°），进气、排气时间各占 180° 曲柄转角。

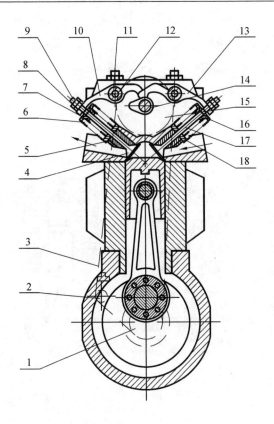

图 4.9　配气机构的组成

1—正时主动链轮；2—中间链轮；3—时规链条；4—排气门；5—气门导管；6—气门弹簧；
7—气门锁夹；8—锁紧螺母；9—调整螺钉；10，13—摇臂；11—摇臂轴套；12—摇臂轴；
14—凸轮轴；15—正时从动链轮；16—气门弹簧座；17—进气门；18—气门弹簧座圈

4. 传动系统

传动系统包括离合器、变速机构、变速操纵机构、启动机构。它的作用是根据摩托车行驶中的不同需要，把发动机的动力变换为扭矩传给驱动轮。

（1）离合器。

离合器安装在发动机曲轴与变速机构之间，其功用是：

① 把发动机的动力传给变速机构，在必要时切断发动机与变速机构之间的动力传递。离合器就像电气线路中的开关一样，当离合器工作时，离合器处于接合状态，此时发动机的动力经离合器、变速机构传给摩托车后轮。

② 保证变速机构换挡时工作平稳。在换挡前也必须使离合器分离，中断动力传递，以便使原挡位的齿轮副由啮合转入脱开，才有可能使新换挡位的齿轮副啮合部位的线速度逐渐趋于相等，这样进入啮合时的冲击可以大为减轻。

③ 当摩托车紧急制动时，限制传动系统所承载的最大扭矩，防止传动系统过载。

要使离合器起到以上几个作用，离合器应为这样一个传动机构：主动部分与发动机曲轴刚性连接，从动部分与变速机构刚性连接。其主动部分与从动部分可以暂时分离，又可以逐渐接合，并且必要时在传动过程中还有可能出现离合器打滑，所以离合器的主动部分和从动部分之间不可采取刚性连接。

（2）变速机构。

变速机构是改变摩托车牵引力和行驶速度必不可少的装置。变速机构的种类很多，目前广泛应用的是移动齿轮式变速机构。移动齿轮式变速机构由 3～6 对齿轮组成，这些齿轮均采用直齿传动。在摩托车行驶时，这些齿轮只有一对处于啮合状态。由于这些齿轮的齿数各不相同，相互啮合的传动比也不相同，故可以改变摩托车的行驶速度。变速操纵机构可以使所有齿轮都处于脱离啮合的状态。

（3）变速操纵机构。

变速操纵机构应能保证准确可靠地使变速机构挂入所需的挡位，并能退到空挡。不同的变速机构有不同的操纵机构。本实验采用的摩托车变速操纵机构是循环式鼓式凸轮操纵机构。

（4）启动机构。

发动机停机时不能输出动力，要使发动机由静止状态过渡到自行运转工况，必须借助外力使发动机曲轴旋转，带动连杆活塞，完成进气、压缩、做功、排气在内的若干工作循环，在惯性力的作用下，发动机才能够连续做功运转，并不断输出动力。曲轴在外力作用下开始转动到发动机开始自行运转的全过程，称为发动机的启动。

摩托车启动装置必须保证发动机能达到一定的转速，才能确保发动机在较短的时间内可靠启动。

根据启动机构的结构和工作情况不同，启动可分为脚踏启动、脚蹬反冲启动和电启动三种。本实验采用的摩托车是脚蹬反冲启动。

4.1.4 实验方法与步骤

※ 发动机拆卸　　**※ 发动机安装**

1. 实验方法

（1）实验分组，每组 2～3 人。

（2）讲解实验内容、要求和注意事项。

（3）观看录像，了解摩托车发动机及其传动系统的结构，熟悉拆装过程。

2. 实验步骤

（1）拆卸与分析。

① 拆开发动机外壳。

② 分析发动机内部结构及运动传递关系：

a. 分析由气缸的活塞到摩托车驱动轮之间的运动传递关系；

b. 分析摩托车是如何启动的？

c. 分析发动机的工作原理；

d. 分析摩托车发动机配气机构是如何工作的？

e. 分析离合器的工作原理；

f. 分析摩托车是如何实现换挡变速的？

③ 综合上述分析画出系统的机构运动简图（原始图由指导教师签字）。

（2）组装摩托车发动机及传动系统并由指导教师检查验收。

4.1.5　注意事项

（1）本实验为开放性实验，开放时间为 4 天，每天早 8 点～晚 9 点。每个实验小组必须在 4 天内完成拆装任务。

（2）实验过程应注意爱护设备和工具，应妥善保管拆卸下的零件，不得损坏和丢失。

（3）实验完成后应在一周内上交实验报告。

4.1.6　实验报告内容

（1）实验目的。

（2）实验设备名称。

（3）四行程摩托车发动机及其传动系统运动简图。

（4）四行程摩托车发动机及其传动系统运动方案分析，包括发动机的启动原理，配气机构的工作原理，离合器的工作原理，传动系统换挡、变速的原理。

（5）改进方案，包括机构运动简图、功能概述、工作原理概述。

（6）心得体会。

4.2　典型机构运动学仿真与验证

4.2.1　实验目的

（1）通过机构组装了解实验台的结构。

（2）学习机构运动规律的测试原理和方法。

（3）掌握测试数据的处理方法。

（4）学习测试软件的应用及编程方法。

（5）掌握机构运动学计算的基本方法。

4.2.2　实验预习内容

（1）平面连杆机构运动分析（解析法）。

（2）平面四杆机构有曲柄的条件和基本概念。

（3）凸轮机构从动件运动规律与凸轮轮廓间的关系。

（4）单万向节机构的运动特性。

4.2.3　实验设备及原理

1. 组合机构运动测试实验台的组成及工作原理

（1）组合机构运动测试实验台的组成。

组合机构运动测试实验台由本体、附件（12 件）、光电编码器（3 件）、数据采集卡 P1784（1 件）、计算机及带接口的线缆若干条组成，如图 4.10 所示。

图 4.10　组合机构运动测试实验台

（2）组合机构运动测试实验台的工作原理。

组合机构的运动规律测试在图 4.11 所示的实验台上进行。实验台由主动轴部分、从动轴部分及导路部分组成。主动轴 1 由电动机经齿轮减速（$i=10$）后驱动，主动轴 1 的角位移由光电编码器（I）14 以电信号输入计算机。从动轴 2 的角位移由光电编码器（II）5 以电信号输入计算机。当拧松从动轴底座上紧固螺钉 4 时，从动轴底座可沿底板上的导向槽移动，从而改变主动轴 1 和从动轴 2 之间距离。导路部分由滑块 7 与固定于升降架 10 上的光杠 8 组成移动副；当旋转丝杠旋钮 9 时，可使滑块 7 与光杠 8 的轴线位置沿铅垂方向做上下调整，调整前应先将紧固旋钮 12 松开，调整后再紧固。滑块 7 的位移由与其固连的齿条 13，经齿轮放大 3 倍后由光电编码器（III）11 以电信号输入计算机。主动轴、从动轴及滑块的角位移和线位移经光电编码器以电信号输入计算机可直接测得，主动轴、从动轴及滑块的速度或加速度则可由它们的位移经一次或二次微分得到。

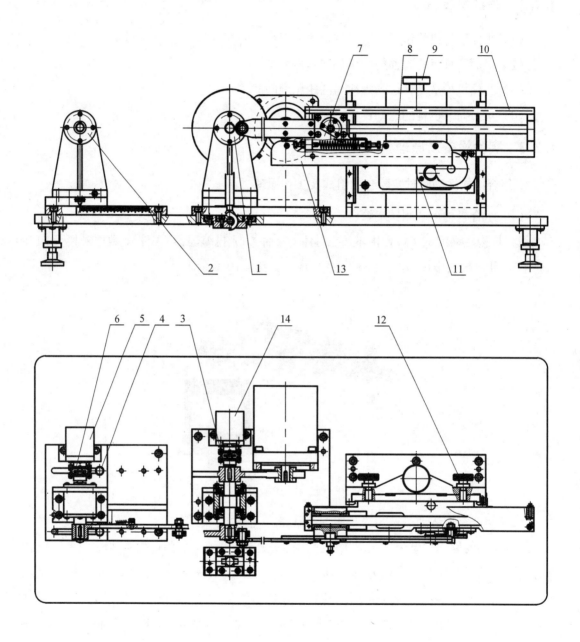

图 4.11　组合机构运动测试实验台结构

1—主动轴；2—从动轴；3—弹性联轴器；4—紧固螺钉；5—光电编码器(II)；6—弹性联轴器；7—滑块；8—光杠；9—丝杠旋钮；10—升降架；11—光电编码器(III)；12—紧固旋钮；13—齿条；14—光电编码器(I)

（3）光电编码器与数据采集卡的工作原理。

光电编码器可以把旋转轴的角位移转变成光信号，再由光信号转变为电信号，经数据采集卡处理后输入计算机，其流程如图 4.12 所示。光电编码器的原理如图 4.13 所示。

※　运动测试

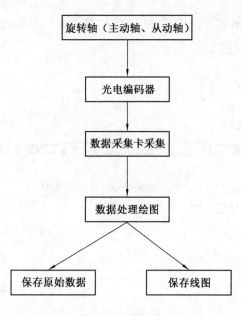

图 4.12　流程图

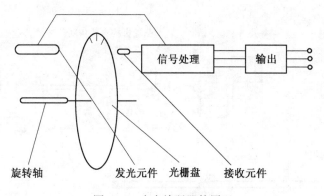

图 4.13　光电编码器的原理

光栅盘上沿圆周刻有 360 个狭缝，当被测旋转轴转动时带动光栅盘旋转，当光栅盘的狭缝、发光元件及接收元件三者共线时，发光元件发出的连续光波便通过光栅狭缝，使接收元件收到脉冲光信号，经光电转换（信号处理），则将轴的角位移转换成电脉冲信号，经线缆传输到数据采集卡（P1784）的并口输入端。

数据采集卡 P1784 中共有 4 个计数器，可以分别记录从 4 个输入端输进来的电脉冲数，通过读取记录到的电脉冲数，便可计算出与光栅盘连接的轴的角位移。

※ 实验台附件

（4）组合机构运行测试实验台的附件。

实验台备有如图 4.14 所示的一些附件，选用这些附件可以在实验台上组装成如图 4.15 所示的 6 种机构。组装成的每种机构的运动学尺寸均可在一定范围内调整。

※ 可组装机构

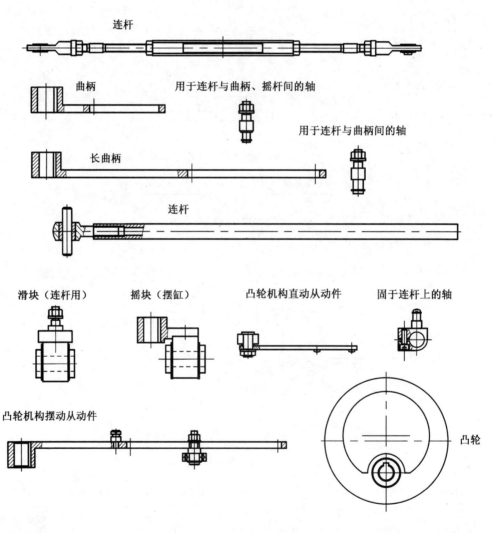

图 4.14　实验台的附件

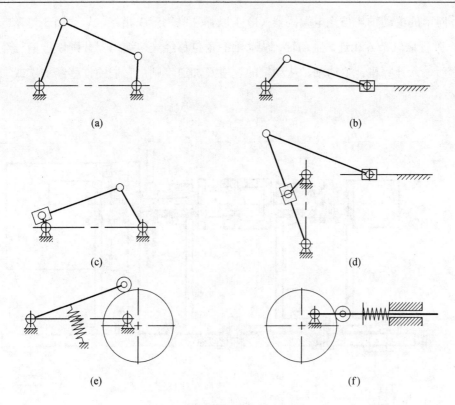

图 4.15　可组装成的 6 种机构

2. 单万向节运动测试实验台的组成及工作原理

（1）单万向节运动测试实验台的组成。

单万向节运动测试实验台如图 4.16 所示，由本体、光电编码器（2 件）、数据采集卡 P1784（1 件）、计算机及带接口的线缆若干条组成。

图 4.16　单万向节运动测试实验台

（2）单万向节运动测试实验台的结构及工作原理。

单万向节运动测试实验台的结构如图 4.17 所示，电机 2 经减速齿轮驱动主动轴 4 使机构运转；拧松螺钉 8 可以调整主动轴 4 和从动轴 5 之间的夹角。

❋ 单万向节测试实验台

单万向节的主动轴 4 与光电编码器（I）1 以弹性联轴节 3 相连，从动轴 5 与光电编码器（II）7 以弹性联轴节 6 相连。主动轴、从动轴的角位移经光电编码器分别以电信号经数据采集卡处理后输入计算机；主动轴、从动轴的速度及加速度则由它们的位移经一次或二次微分得到。

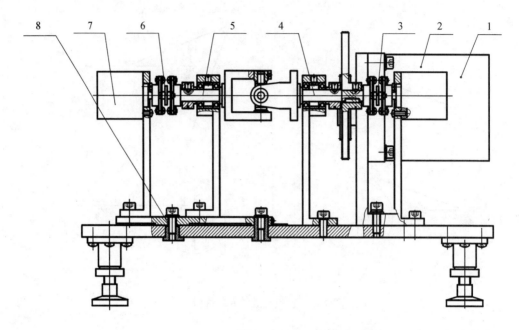

图 4.17　单万向节运动测试实验台

1—光电编码器（I）；2—电机；3，6—弹性联轴节；4—主动轴；

5—从动轴；7—光电编码器（II）；8—螺钉

4.2.4　实验方法和步骤

1. 组合机构的运动测试

（1）组装被测组合机构。

在教师的指导下，按图 4.15 的机构简图，选用实验台的附件，在实验台上组装被测的组合机构：

①　组装前应仔细观察各个附件的结构，并了解其功用；

②　组装时应考虑好各个附件的安装顺序，调整好机构的运动学尺寸，构件间不得有干涉，有曲柄的机构要满足有曲柄的条件；

③　机构组装完成后先用手拨动，运转灵活后，方可开启电源。

（2）运动规律测试。

组装好被测组合机构后，将控制箱外部的 3 条缆线接到指定的接口上，确认无误后，可按下述步骤进行操作：

① 启动电机控制器（注意：不要随意改动系统中的设置），打开程序界面；

② 点击"文件－新建"菜单，开始一个新的采集过程；

③ 打开程序"设置"菜单，分别设置所要画的图线、采集卡的计数器端线，以及采集卡倍率和采样时间等；

④ 点击"电机控制窗口"按钮，打开"SelectBoard"窗口，选中"Board0"复选按钮后，单击"OK"打开"电机控制窗口"，程序默认设置速度值为 200，顺时针方向为正向，按需要可以改变速度值和方向（注：系统认定为此处数值越大电机转速越慢）。速度、方向设置完成后，单击"运行"按钮，使电机驱动机构开始运动。

⑤ 点击程序界面上"开始采集"按钮，程序开始对采集卡进行预设置，并开始读取计数器；

⑥ 采集完成后，下方提示"采集完成"，此后可分别选择"开始画图"，并点击各个分页来观察各条曲线或保存原始数据及处理后数据或线图；

⑦ 改变机构的尺寸或换另一种机构，重复②～⑥步骤。

改变机构的尺寸几次（或重新组装另一种机构），每次均应准确测量构件的运动学尺寸并绘图记录。

（3）机构运动分析。

对已经测试过的机构进行运动分析，并比较理论计算结果和实验结果的异同。

2. 单万向节的运动测试

（1）在实验台上，松开固定螺钉 8，调整从动轴 5 与主动轴 4 的交角到预定的角度后，将螺钉 8 固紧。

（2）连接线缆。

（3）运动测试。

检查机械部分和连接线缆电路无误后，可按下述步骤进行操作：

① 启动电机控制器（注意：不要随意改动系统中的设置），打开程序界面；

② 点击"文件－新建"菜单，开始一个新的采集过程；

③ 打开程序"设置"菜单，分别设置所要画的图线、采集卡的计数器端线，以及采集卡倍率和采样时间等；

④ 点击"电机控制窗口"按钮，打开"SelectBoard"窗口，选中"Board0"复选按钮后，单击"OK"打开"电机控制窗口"，程序默认设置速度值为 200，顺时针方向为正向，按需要可以改变速度值和方向（注：系统认定为此处数值越大电机转速越慢）。速度、方向

设置完成后，单击"运行"按钮，使电机驱动机构开始运动。

⑤ 点击程序界面上"开始采集"按钮，程序开始对采集卡进行预设置，并开始读取计数器；

⑥ 采集完成后，下方提示"采集完成"，此后可分别选择"开始画图"，并点击各个分页来观察各条曲线或保存原始数据及处理后数据或线图；

⑦ 改变从动轴与主动轴间的夹角 α，重复②～⑥步骤。

4.2.5　实验要求

（1）每人至少做三种机构运动规律的测试。

万向节机构，凸轮机构（任选一种），连杆机构（任选一种）（测出执行构件的位移、速度、加速度）。

（2）分析所测试机构的运动。

① 建立数学模型；

② 编程计算；

③ 绘出运动线图（位移、速度、加速度）。

（3）分析比较测试运动规律与计算运动规律。

4.2.6　实验报告内容

（1）实验目的。

（2）实验设备及原理。

① 实验设备的机构运动简图；

② 测试原理图；

③ 光电传感器的原理；

④ 数据采集卡的原理；

⑤ 数据采集编程原理。

（3）实验结果。

① 实验方案机构运动简图；

② 测试的运动线图。

（4）理论计算结果。

① 机构数学模型；

② 程序框图；

③ 计算的运动线图。

（5）对比测试与计算结果，得出结论。

4.3 典型机械部件设计组装与测试实验

4.3.1 实验目的

（1）增强机械系统运动方案设计能力，培养学生整体设计的概念及分析问题、解决问题的能力，提高工程意识和创新能力。

（2）通过学习步进输送机的合理拆装顺序，掌握机器装配的基本知识，锻炼学生的实际动手能力和工程实践能力。

（3）掌握检测齿轮和轴的方法，并熟练千分尺、齿厚卡尺及公法线千分尺等测量工具的使用方法。

※ 步进输送机运转过程

（4）进一步熟悉轴系零部件的设计方法和步骤，初步掌握轴系零部件虚拟设计及运动仿真的步骤和方法。

4.3.2 实验预习内容

（1）什么是机械运动方案设计？机械运动方案设计的一般原则和步骤。

※ 机械运动方案设计

（2）装配工艺的原则（见 4.3.4）。

（3）轴系零部件设计方法和步骤。

（4）什么叫齿厚测量？

4.3.3 实验设备及工具

1. 实验设备

实验设备是步进输送机，如图 4.18 所示。

图 4.18 步进输送机

2. 实验工具

实验工具有计算机、公法线千分尺及齿厚卡尺。计算机配置建议如下，硬件：PIII800 以上，200 MB 硬盘空间，内存 128 MB 以上，显卡 64 MB；软件：Windows2000 系统，IE5.0 以上浏览器，安装 VRML 浏览器插件（Cortona VRML Client 4.2），安装仿真实验软件（具体使用方法详见附录 2）。公法线千分尺及齿厚卡尺如图 4.19 所示，公法线千分尺外形与普通千分尺有些不同，但其内部结构、使用方法和读数原则和普通千分尺完全相同。固定套上刻有主尺，其中最小刻度为 0.5 mm，旋转微分筒 T 一周，测微螺杆就向前移动 0.5 mm。显然，当每转动一个分度，测微螺杆就向前移动 0.01 mm。齿厚卡尺由互相垂直的两个游标卡尺组成。测量时以齿轮顶圆作为测量基准，高度游标用于按分度圆弦齿高公称值，确定被测部位，水平游标尺则用于测量分度圆弦齿厚实际值。齿厚卡尺的读数方法同一般游标卡尺相同。

（a）公法线千分尺

（b）齿厚卡尺

图 4.19　实验工具

4.3.4　相关基础知识

1. 机械运动方案设计

机械运动方案设计是机械设计的最为重要的环节，运动方案设计的优劣，决定了这部机械的性能、造价、市场前景。所谓机械运动方案的设计，即是设计者根据设计要求，提出机器的基本功能和机构组成，通过优选形成机构运动简图。机械运动方案设计是一个创新设计过程，同一问题可以有多种不同的运动方案，各种运动方案又各具特色。确定机械运动方案是设计最关键的过程。

（1）机械运动方案设计的一般原则。

① 传动链应尽可能短。

② 机械效率应尽可能高。

③ 传动比分配应尽可能合理。

④ 传动机构的顺序应尽可能恰当。

⑤ 机械的安全运转必须保证。

（2）机械运动方案设计的主要步骤。

① 工艺参数的给定及运动参数的确定。

工艺参数是一部机器进行机械运动方案设计和机构设计的原始依据。所以在设计之前，必须明确提出其工作任务、周边环境以及更详细的工艺要求。

② 执行构件间运动关系的确定。

有时一部机器的工作任务是由多个执行构件共同完成的，这时各个执行构件间必然有一定协同动作关系，确定这种关系的最直观方法就是采用运动循环图。

③ 动力源的选择及执行机构的确定。

机械设备中应用的动力源主要是电、液、气装置，因此原动机有电动机、液压马达、气马达以及直线油缸、气缸等。其中电动机应用最广泛。

执行机构的运动按其运动类型划分，主要有直线运动、回转运动、任意轨迹运动、点到点运动及位到位运动。上述运动又分为连续运动和间歇运动两类，有些运动是单程的，有些运动是往复式的。不同的运动应由不同的机构、多种机构的组合乃至整个机器来实现。

④ 传动机构的确定。

常用的传动机构有以下几种：齿轮传动、螺旋传动、带传动、链传动、蜗杆传动、连杆传动和凸轮传动，表 4.1 列举了几种常用传动机构的基本特性。

表 4.1　几种常用传动机构的基本特性

	齿轮传动	蜗杆传动	带传动	链传动	连杆传动	凸轮传动	螺旋传动
优点	传动比准确，外廓尺寸小，传动功率高，寿命长，功率及速度范围广，适宜于短距离传动	传动比大，可实现反向自锁，传动平稳，用于空间交错轴传动	中心距变化范围广，可用于长距离传动，可吸振，能起到缓冲及过载保护	中心距变化范围广，可用于长距离传动，平均传动比准确，特殊链可用于传送物料	适用于宽广的载荷范围，可实现不同的运动轨迹，可用于急回、增力，加大或缩小行程等	能实现工作要求实现的各种运动规律，机构紧凑	可改变运动形式，转动变移动，传动比较大
缺点	制造精度要求高	效率较低	有弹性滑动现象，轴上受力较大	有振动冲击及多边形效应	设计复杂，不宜用于高速度运动	易磨损，主要用于运动的传递	滑动螺旋刚度较差，效率不高
效率	开式为0.92～0.96；闭式为0.96～0.99	开式为0.5～0.7；闭式为0.7～0.9；自锁为0.4～0.45	平带为0.92～0.98；V带为0.90～0.94；同步带为0.98～0.99	开式为0.9～0.93；闭式为0.95～0.97	在运动过程中随时发生变化	随运动位置和压力角不同，效率也不同	滑动螺旋为0.3～0.6；滚动螺旋为0.85～0.98
速度	6级精度直齿 $v \leq 18$ m/s；6级精度非直齿 $v \leq 36$ m/s；5级精度直齿 $v \leq 200$ m/s；圆弧齿轮 $v \leq 100$ m/s	滑动速度 v m/s 为15～35 m/s	V带 $v \leq 25$ m/s；同步带 $v \leq 50$ m/s	滚子链 $v \leq 15$ m/s；齿形链 $v \leq 30$ m/s			
功率	渐开线齿轮 $\leq 50\ 000$ kW；圆弧齿轮 $\leq 6\ 000$ kW；锥齿轮 $\leq 1\ 000$ kW	小于750 kW；常用于50 kW以下	V带 ≤ 40 kW；同步带为200～750 kW	最大可达3 500 kW；通常为100 kW以下			
传动比	一对圆柱齿轮 $i \leq 10$，通常 $i \leq 5$；一对圆锥齿轮 $i \leq 8$，通常 $i \leq 3$	开式 $i \leq 100$，常用为15～60；闭式 $i \leq 60$，常用为10～40	平带 $i \leq 5$；V带 $i \leq 7$；同步带 $i \leq 10$	滚子链 i 为7～10；齿形链 $i \leq 15$			
其他	主要用于传动	主要用于传动	常用于传动链的高速端	常用于传动链中速度较低处	既可为传动机构又可作为执行机构	主要用于执行机构	主要用于转变运动形式，可作为调整机构

⑤ 方案的比较与决策。

一个设计可以由多个方案来实现，每个方案所使用的机构也不尽相同，有时甚至迥异。在达到性能指标的前提下，应根据机构组合的复杂程度及对精度所造成的影响，并根据经济性和易维修性对不同方案进行比较和决策。重要、复杂机器的机械运动方案设计的取舍有时是在结构设计基本完成后进行的，因为此时强度、刚度、各个机构间是否干涉、经济性和易维修性等许多问题才可能充分暴露出来。

（3）机械运动方案的评价。

实现同一工作任务，且满足工艺要求和性能指标时，可以设计出多种机械运动方案，然后再经过充分、细致的分析比较，以决定取舍。最后保留的设计方案应是最优方案。每一部机器均是由原动机、执行机构及传动机构组成的。因此需分别对原动机及各个机构进行评价，然后经综合分析可获得对一部机器整体的评价。

2. 装配工艺设计

任何机器都是由零件和部件所组成的。装配是生产中按规定的技术要求和精度将构成机器的零件组合成组件、部件和产品的过程。装配是机械制造中的后期工作，也是决定产品质量的关键环节。保证装配精度以质量合格的零件为先决条件。装配精度主要是指相关零件之间的位置精度，也包括接触情况和受力分布情况，以及由机器装配和运行过程中零件的变形而需要计及的形状精度。装配的准备工作有零件的清洗、尺寸和质量的分选及平衡等。装配工作的内容包括零件装入、各种方式的连接、部件装配、总装配过程中的检验调整。

（1）装配工艺原则。

① 一切合格零件必须清除毛刺、清洗干净（符合清洁度要求并防锈）后，才能进行装配。过盈配合或单配的零件在装配前对相关尺寸应严格复检，并打好配对标记。

② 根据具体情况考虑装配的先后顺序，有利于保证装配精度，使工作顺利进行。装配的顺序，一般是先下后上、先内后外、先难后易、先重大后轻小（某些重大件会影响其他零件的装入，又为了减少不必要的运输量则可放在后期装入）、先精密后一般（对于一些灵敏性零件或作业，则以尽可能放在一般作业的后面进行以防损坏）。另外，处于同方位的装配作业集中安排，避免或减少装配过程中翻身移位。使用同一工艺装配或要求在特殊的环境作业，也应尽可能集中，以免设备重复设置或迂回运输。

③ 按产品装配的要求选择合适的工艺和设备。例如，对于过盈连接，有压力配配法、热胀或冷缩法，并规定具体参数。调整、装配工作要选定合适的环节，使其便于达到装配精度，并争取最大的精度储备，延长产品的使用寿命。

④ 通常装配区域不宜安装切削加工设备，对不可避免的配钻、配绞或刮削等装配工序

加工，要及时清理切屑保持场地清洁。

⑤ 对特殊产品要考虑特殊措施。如装配精密仪器、轴承及机床时，装配区域除了要严格避免金属切屑及灰尘干扰外，装配环境要求需考虑恒温、恒湿、防尘、隔振等措施。对有高精度要求的重大关键机件，需要具备超慢速的吊装设备。对重型的行走产品，如挖掘机等要考虑耐压耐磨的地面，防止压坏或起灰。

（2）工艺规程的设计步骤。

① 进行产品分析。

a. 分析产品图样，掌握装配的技术要求和验收标准。

b. 对产品的结构进行尺寸分析和工艺分析。

c. 研究产品分解成"装配单元"的方案，以便组织平行、流水作业。

② 确定装配的组织形式。

装配的组织形式分固定式和移动式两种。固定式是全部装配工作在一个或几个固定的工作地点完成。移动式是将零件、部件使用运输小车或运输带从一个装配地点移动到下一个装配地点，在每一个装配地点上分别完成一部分装配工作，各装配地点装配工作的总和就是产品的全部装配工作。单件小批件生产或尺寸大、质量大的产品多采用固定式装配的组织形式，其余采用移动式装配的组织形式。

（3）确定装配工艺过程。

① 确定装配工序的具体内容。根据产品的结构和装配精度的要求可以确定各装配工序具体内容。

② 确定装配工艺方法及设备。在进行装配工作，必须选择合适的装配方法及所需的设备、工具、夹具、量具等。所用的工艺参数可以参照经验数据或计算决定。

③ 确定装配顺序。各级装配单元装配时，首要确定一个基准件先进入装配，然后根据具体情况安排其他零件、组件或部件进行装配。

④ 确定工时定额及工人的技术等级。

（4）编写装配工艺文件。

3. 齿轮公法线长度及齿厚测量原理

（1）公法线测量。

测量公法线可以得出公法线长度变动量 ΔF_W 和公法线平均长度偏差 E_{bn}。公法线长度变动量 ΔF_W 是指在被测齿轮一周范围内，实际公法线长度最大值与最小值之差。公法线平均长度偏差 E_{bn} 是指在被测齿轮一周范围内所有实际公法线长度的平均值与公法线长度理论值之差。

直齿轮测公法线时的跨齿数 k 通常可按下式计算：

$$k = \frac{z}{9} + 0.5 \text{（取相近的整数）}$$

标准直齿圆柱齿轮的公法线长度理论值 W_k 按下式计算：

$$W_k = m[2.952(k - 0.5) + 0.014z] \tag{4.1}$$

变位直齿圆柱齿轮公法线长度公称值 $W_{k变}$ 按下式计算：

$$W_{k变} = W_k + 0.684xm \tag{4.2}$$

（2）齿厚偏差的测量。

齿厚偏差 ΔE_s 是指被测齿轮分度圆柱面上的齿厚实际值与公称值之差。对于标准直齿圆柱齿轮，其模数为 m，齿数为 z，则分度圆弦齿高公称值 $\overline{h}_a$ 和弦齿厚公称值 $\overline{s}$ 按下列公式计算。

$$\overline{h}_a = m\left[1 + \frac{z}{2}\left(1 - \cos\frac{90°}{z} \right) \right]$$

$$\overline{s} = mz\sin\frac{90°}{z}$$

对变位直齿圆柱齿轮，其模数为 m，齿数 z，基本齿廓角为 α，变位系数为 x，则分度圆弦齿高公称值 $\overline{h}_{a变}$ 和弦齿厚公称值 $\overline{s}_{变}$ 按下式计算：

$$\overline{h}_{a变} = m\left\{ 1 + \frac{z}{2}\left[1 - \cos\left(\frac{\pi + 4x\tan\alpha}{2z} \right) \right] \right\}$$

$$\overline{s}_{变} = mz\sin\left(\frac{\pi + 4x\tan\alpha}{2z} \right)$$

4.3.5　步进输送机的工作原理

步进输送机是能够实现间歇地输送工件的机器。它的种类繁多，工作原理也不尽相同。下面仅以一例进行说明，如图 4.20 所示为步进输送机的一种。电动机通过传动装置、工作机构驱动滑架往复移动，工作行程时滑架上的推爪推动工件前移一个步长，当滑架返回时，由于推爪与轴间有弹簧，推爪得以从工件底面滑过，工件保持不动。当滑架再次向前推进时，推爪已复位，刚好推动新的工件前移，前方推爪也推动前一工位的工件前移。其传动装置常由减速器、一级开式齿轮传动和平面连杆机构组成。

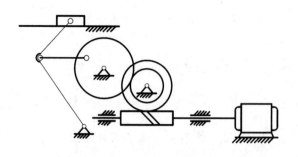

图 4.20　步进输送机工作原理机构简图

4.3.6　实验内容及步骤

1. 步进输送机运动方案的确定

步进输送机的工作条件见表 4.2。工作时工作阻力为常数，输送带宽为 300 mm，工作高度为 800～1 000 mm，使用折旧期五年。每天二班制工作，载荷有中等冲击，工作环境为室内，较清洁。三相交流电源，按一般机械制造，小批量生产。

表 4.2　步进输送机的工作条件

题号	1.1	1.2	1.3
工作阻力 F_r/N	2 500	2 400	2 200
步长 S/mm	400	450	500
往复次数 N/(次·分$^{-1}$)	40	40	35
行程速比系数 K	1.25	1.2	1.15
高度 H/mm	800～1 000		

根据上述工作条件，设计出 3 种以上步进输送机的运动方案，要求步进输送机机构简单、紧凑、工作可靠、运转灵活。画出每种运动方案的运动简图，并进行多方案对比分析，选出最优方案。编写步进输送机的设计说明书（包括电动机、减速装置的选取，工作部分、零件结构的设计及强度校核）。

2. 步进输送机的拆装

对一台步进式物料输送机进行拆装。拆卸与安装是两个相反的过程，当了解其中一个过程，另一个过程自然而然就了解了。所以在这个拆装实验中只介绍该机器的安装过程。

首先应该设计出该机器的装配工艺规程。

第一步：对所有零件进行清洗、测量、整理、分类。

第二步：该机器中有两个部件，滑架和一级开式齿轮传动装置，如图 4.21 和图 4.22 所示。

图 4.21　滑架

图 4.22　一级开式齿轮传动装置

第三步：对滑架和一级开式齿轮传动装置进行安装。

① 滑架。

将一侧滑架固定，再将各个辊子插到滑架上，安装另一侧滑架，再安上两端固定架，拧上固定螺栓。

② 一级开式齿轮传动装置。

a. 观察轴的结构，确定轴的插入方向。

b. 将齿轮放入两轴承座中间。

c. 将键放入键槽中，按图 4.23 所示方向将轴插入。

d. 装入轴承。

e. 装上端盖。

f. 拧上固定螺栓。

图 4.23　齿轮传动装置轴插入方向

第四步：整体安装。

先固定电动机和一级开式齿轮传动装置，它们之间使用联轴器连接。把电动机和一级开式齿轮传动装置放到适当位置。将螺栓拧入，先不要拧紧，待确定好它们的位置和间隙后再将螺栓拧紧。接下来安装连杆机构（图 4.24），把杆 1 安装在一级开式齿轮传动装置的输出轴上，将杆 2 安装在机座上，再将两杆间的连接处的销轴安装上。

杆 1

杆 2

图 4.24　连杆机构

第五步：检测。

这里只介绍轴承游隙、齿轮传动侧隙的检测及调节。

轴承游隙的大小对轴承运动的影响非常大。如果游隙太大，会使滚动体受载不均，轴系串动；游隙太小，会妨碍轴系因发热伸长，严重时会将轴承卡死。所以调节好轴承游隙非常重要。轴承游隙的调整方法如图 4.25 所示。

齿轮传动侧隙是必须保证的。它既可以避免在重载下，齿轮互相咬死，又可以形成储油的空间，有利于润滑膜的形成。齿轮传动侧隙的获得方法：一是加工时的公差，二是使中心距增加一个很小的量值。齿轮传动侧隙通常是用塞尺测量的。

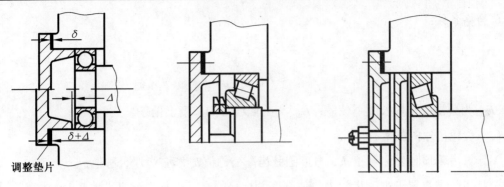

图 4.25　轴承游隙的调整

注意事项：

① 拆卸时，拆卸下来的零件放置应有序。

② 拆卸或装配过程中，遇到有些零件之间采用过盈配合，需要借用工具才能拆下，如轴与轴承、轴承与轴承座可用木锤或橡胶锤敲打轴承，切不可用铁锤。

③ 拆卸或装配过程中，拧出或拧入成组螺栓时要注意拧入顺序，应按对角线关系一对一对的成组拧出或拧入。

3. 步进输送机的零件测绘

（1）轴的测量。

分别在轴上取三个截面（两边和中间），在每个截面互相垂直的两个方向上进行测量。并将数值填入表 4.3。

表 4.3　轴的测量数值

	截面 1	截面 2	截面 3
X 方向直径			
Y 方向直径			

（2）公法线的测量。

① 被测齿轮的模数 m、齿数 z 和基本齿廓角 α 等参数计算跨齿数 k 和公法线长度公称值 W_k。

② 使用公法线千分尺测量，均布测 6 条公法线长度，从其中找出 $W_{\max}$ 和 $W_{\min}$，则公法线长度变动ΔF_{W}和公法线平均长度偏差 E_{bn} 按下式计算：

$$\Delta F_{\mathrm{W}} = W_{\max} - W_{\min}$$

$$E_{\mathrm{bn}} = \overline{W}_k - W_k = \frac{1}{6}\sum_{I=1}^{6} W_{kl} - W_k$$

③ 合格条件：

$$\Delta F_{W} \leqslant F_{W}$$

$$E_{bni} \leqslant E_{bn} \leqslant E_{bns}$$

其中，E_{bni} 为公法线平均长度下偏差；E_{bns} 为公法线平均长度上偏差。

（3）齿轮齿厚的测量。

① 计算齿轮顶圆公称直径 d_a、分度圆弦齿高公称值 $\overline{h_a}$ 和弦齿厚公称值 $\overline{s}$。

② 将齿轮卡尺置于被测齿轮上，使高度游标尺的高度板与齿顶可靠地接触，将齿厚卡尺的高度游标卡尺调至对应于分度圆弦齿高 $\overline{h_a}$ 位置。

③ 移动水平游标尺的量爪，使之与齿面接触，从水平游标卡尺上读出弦齿厚实际值 $\overline{s}_{实际}$。这样依次对圆周上均布的几个齿进行测量。测得的齿厚实际值 $\overline{s}_{实际}$ 与齿厚公称值 $\overline{s}$ 之差即为齿厚偏差 ΔE_{sn}。

④ 合格性条件：

$$E_{sni} \leqslant E_{sn} \leqslant E_{sns} \text{。}$$

其中，E_{sni} 为齿厚下偏差；E_{sns} 为齿厚上偏差。

4. 步进输送机的虚拟实验

（1）步进输送机虚拟拆装实验。

对步进式物料输送机进行虚拟拆装，可将整机分成若干部件，然后单独对部件进行拆卸。以轴系零部件拆卸为例，说明系统的拆装步骤（拆装界面使用说明见附录 2）。

拆装步骤：共分九步，具体内容请参阅实验说明界面。

第一步：浏览虚拟实验环境。

仪器放置在工作台上，工作台处在虚拟实验室中，点击 play 控件，系统自动运行。接近设备，接通电动机电源开关，浏览整机运转以及大小齿轮啮合情况。

第二步：拆卸电动机底脚螺钉、电动机以及和电动机相连的联轴器。

电动机型号：Y112M（Y 系列三相异步电动机）；

伸出轴段上的普通平键 A 型（GB 1096—2003）；

联轴器型号：HL2（HL 型弹性柱销联轴器，GB 5014—2003）。

第三步：拆卸轴承端盖和调整垫圈。

松开轴承端盖上螺钉，将轴承端盖从轴承座中移出，主动轴和从动轴右侧轴承端盖和调整垫圈可直接拆掉，左侧稍候拆除。

第四步：拆卸轴承座左、右上盖。

轴承座螺栓：六角头螺栓-C 级（GB 5780—2016）；

轴承座螺母：Ⅱ型六角螺母-C 级（GB 41—2000）。

第五步：拆卸与主动轴相连的半联轴器。

第六步：拆卸主动轴轴段 1 上的键。

键类型：普通平键 A 型。

第七步：拆卸轴承端盖和调整垫圈。

第八步：拆卸轴承。

轴承类型：深沟球轴承（GB/T 276—2013），轴承代号：6207。

第九步：拆卸套筒、键和主动轴，并演示小齿轮的结构。

小齿轮结构：实心直齿圆柱齿轮。

（2）步进输送机的轴系零部件虚拟设计实验。

本次实验是在前期进行方案设计的基础上，对步进输送机的轴系零部件（减速器部分）在专用虚拟实验平台上进行设计并进行装配仿真，其内容及步骤如下。

① 熟悉虚拟设计仿真实验平台。

② 零部件虚拟设计：

a. 电动机的选用。

b. 联轴器的选用。

c. 主动轴和从动轴设计，轴的各部分结构和尺寸设计。

d. 轴承端盖结构和尺寸设计。

e. 密封件选择及结构设计。

f. 大、小齿轮参数选择及结构设计。

g. 轴承座设计。

h. 键的结构及参数选择。

m. 套筒尺寸设计。

n. 轴承的选择等。

③ 装配运动仿真。

完成虚拟设计的内容后，进入仿真部分，此平台下的装备仿真是自动完成的，其装配过程如下。

第一步：主动轴部件装配。

a. 安装主动齿轮。

b. 安装套筒。

c. 安装两端轴承。

第二步：重复以上步骤，完成从动轴部件的装配。

第三步：将密封圈安装于轴承端盖中。

第四步：将主动轴和从动轴部件安装于轴承座上。

第五步：安装轴承座上盖。

第六步：安装轴承端盖。

第七步：将联轴器安装于主动轴上。

第八步：将联轴器安装于电动机轴上。

第九步：连接电动机和减速器。

完成的装配后，界面效果如图 4.26 所示。

① 若装配过程中出现错误或不合理的设计，请返回前面修改零件的尺寸设计。

② 仿真正确后，记录设计参数于实验报告中。

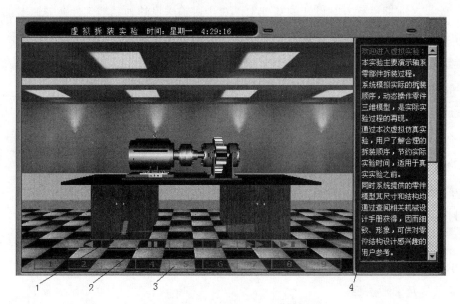

图 4.26　完成装配仿真后的界面

1—场景缩放控件；2—拆装进度控件；3—拆装步骤控件；4—实验说明

4.3.7　实验报告内容

（1）实验目的。

（2）画出每种机械运动方案的运动简图，并进行多方案对比分析，选出最优方案。

（3）编写步进输送机的设计说明书（包括电动机的选取、减速装置的选取、工作部分的设计、零件结构的设计和强度校核）。

（4）画出零部件工作图（轴承部件）。

（5）实验结果分析。

① 能够实现往复运动的机构有哪几种？

② 能够实现间歇运动的机构有哪几种？

③ 对软件中例子的传动方案有何看法？

④ 轴承部件的设计应注意哪些问题？

⑤ 开式齿轮传动和闭式齿轮传动各有什么特点？应用于什么场合？

⑥ 轴承部件的支承形式有哪几种？你在设计中采用的是哪种？为什么采用这种方式？

⑦ 如果你设计的齿轮强度不够，应该怎样修改设计？

4.4　一般机械运动方案设计与实现

4.4.1　实验简介

一般机械运动方案设计与实现旨在加强学生创新能力的培养和综合设计能力的训练。学生通过不同原动机的性能分析和不同传动装置的分析比较，确定合适的运动方案来实现工作机的步进式往复直线运动。了解各种原动机的性能、参数和应用场合，分析步进式往复直线运动的实现方式，设计出多种运动方案。

在综合实验平台上对各种方案进行搭建，从组装过程、运动情况等进行综合分析，给出最终的方案。一般机械运动方案设计与实现的特色在于通过多个环节的训练，使学生不但对设计的总体过程有更深的理解，同时锻炼了学生发现问题和解决问题的能力。把电气控制和机械的组装调试结合到一起，给学生提供了广阔的创新空间。既训练了学生的运动方案设计能力，又培养了学生亲自动手组装调试的能力；既有机械设计的整机思想，又有电气与机械结合的系统观念，使学生得到全面的训练。本实验 24 学时，包括三大部分：

（1）典型机器的运动方案分析。

（2）典型机械零部件拆装。

（3）实现往复运动的机械运动方案的实物搭建及分析。

4.4.2　典型机器的运动方案分析

1. 实验目的

（1）了解多种典型机械的运动方案、各种零部件在机械中的应用及零部件的结构；

（2）通过对机械运动方案及结构的分析，掌握机械运动方案和结构设计的基本要求，培养学生的机械系统运动方案设计能力、结构设计能力和创新意识；

（3）会画典型机械的机构运动简图。

2. 实验设备

实验设备见本书的 3.4.3 节。

3. 实验内容

实验内容参见本书的 4.3.4 节。

分析各个机械的运动方案及特点，并提出实现同样功能的其他方案。

分析各种机构、零部件装置在设备上的应用，并提出可替代的方案。

4. 原动机的选择

（1）原动机的类型及比较。

原动机按能量转换性质的不同分为第一类原动机和第二类原动机。第一类原动机包括蒸汽机、柴油机、汽油机、水轮机和燃气轮机；第二类原动机包括电动机、液动机（液压马达）和气动机（气动马达），其中电动机的应用最为广泛。选择动力源要考虑到各种动力源的性能及使用环境。

一般情况下，液压传动和电传动相比，相同质量下，液压传动输出力大很多。但是在系统中比较，液压的这个优势就有所减弱，因为液压就必须有液压站，但电力与气动是集中供电和供气的，尤其电力是规模生产，成本低。气动泵也要配备一台压缩机，采用储气瓶和微型气泵是一个发展方向。一般的液压传动通常不超过 300 kW（400 马力），发电机-电动机系统输出功率则可方便地达到 2 240 kW（约 3 000 马力）

① 传动效率由高到低分别为电动机、液动机、气动机。电动机效率为 0.6～0.95，液动机效率为 0.3～0.6，气动机效率为 0.15～0.2。

② 调速、速度刚度与响应速度。

电动机调速可用闭环达到其所要求的精度，而机械及流体无级调速没法通过自身进行闭环控制，必须借助电控，因而使控制复杂，成本提高。一般来说，电机、液压或气动泵等的无级变速均在开环下工作，所以速度刚度与响应速度的比较也在开环条件下。

a. 就无级调速的难易程度，调速装置的尺寸、质量、调速范围、调速稳定性来说，液压传动在各种传动中是最好的；气动存在速度不稳定的问题；电动在有直流电源供应时，无级调速也十分方便，且调速传动的功率范围大，容易实现自控和遥控，电缆和导线的铺设比立体管道的安装方便，不足的是相对而言恒定功率特性差。

b. 响应速度：由高到低依次为液动机、电动机和气动机。液压马达或液压元件的质量仅为电动机的 1/10 左右，输出转矩相同时，液压马达的转动惯量也比电动机小很多，故响应速度比电动机快，但响应速度受管道长短的影响较大。

c. 速度刚度：电动机和液动机比气动机的速度刚度高。

（2）原动机的种类和选择。

① 电动机类型的选择。

在进行电动机的选择时应考虑工作制、电动机结构、安装形式、额定电压和额定转速等因素。对恒转矩负载特性的机械，应选用机械特性为硬特性的电动机；对恒功率负载特性的机械，应选用变速直流电动机或带机械变速的交流异步电动机。

当使用交流电动机和直流电动机均能满足工作机要求时，因一般工厂企业都有交流电网供电，故应优先选用交流电动机。交流电动机适用于不需要频繁启动、制动、反转以及在宽广范围内平滑调速的机械，其中笼型异步电动机具有价格便宜、结构简单和维护方便等优点，应优先选用。对要求启动转矩大的工作机械，如皮带运输机、压缩机等，可选用高启动转矩的笼型电动机。

对于要求有级调速的电梯及某些机床等，可选用笼型多速异步电动机。绕线型异步电动机可以限制启动电流，提供启动转矩，多用于起重机和矿井提升机等，它在转子串接电阻后，也可进行小范围的调速。如果电动机的容量大于 1 000 kW，又无调速要求时，可采用交流同步电动机，它能提高功率因素。直流电动机具有调速性能好的优点，可应用在功率较大并要求调速范围较宽的机械上，其中他励直流电动机具有较多的优点。常用电动机的结构特征、优缺点及应用范围参见附录 3。

② 气泵。

a. 气泵定义及工作原理。

气泵（Air pump），即"空气泵"，从一个封闭空间排除空气或从封闭空间添加空气的一种装置。气泵的工作原理是：发动机通过两根 V 带驱动气泵曲轴，从而驱动活塞进行打气，打出的气体通过管线导入储气筒。另一方面储气筒又通过一根气管线将储气筒内的气体导入固定在气泵上的调压阀内，从而控制储气筒内的气压。当储气筒内的气压未达到调压阀调定的压力时，从储气筒内进入调压阀的气体不能顶开调压阀阀门；当储气筒内的气压达到调压阀调定的压力时，从储气筒内进入调压阀的气体顶开调压阀阀门，进入气泵内与调压阀相通的气道，并通过气道控制气泵的进气口常开，从而使气泵空负荷运转，达到减少动力损耗，保护气泵的目的。当储气筒内的气压因损耗而低于调压阀调定的压力时，调压阀内的阀门由复位弹簧将其复位，断开气泵的控制气路，气泵又重新开始打气。

b. 气泵优、缺点。

优点：以空气为工作介质。来源方便，不污染环境；空气的黏度很小，所以流动时压力损失较小，适用于集中供气和远距离输送；与液压传动相比，气动动作迅速、反应快、维护简单、管路不易堵塞、系统有故障时容易排除；工作环境适应性好，能安全可靠地应用于易燃易爆场所，成本低，具有过载保护功能。

缺点：由于空气具有可压缩性，不易实现准确的速度控制和很高的定位精度，负载变化时对系统的稳定性影响较大；工作压力较低（一般为 0.4～0.8 MPa），因而气动系统输出力较小；排气噪声较大；作为工作介质的空气本身没有润滑性，需另加润滑装置。

③ 液压马达。

a. 液压马达工作原理。

液压马达把机械能转换成液体的压力能，液压控制阀和液压辅件控制液压介质的压力、流量和流动方向，将液压泵输出的压力能传给执行元件，执行元件将液体压力能转换为机械能，以完成要求的动作。

b. 液压马达分类及应用。

常用的液压马达大致可分为齿轮马达、叶片马达、轴向柱塞马达和径向柱塞马达等四大类。一般来说，柱塞马达具有易于变量和易于形成高压的优点，其中径向柱塞马达容易实现大排量，因而可以直接应用于低速大扭矩的场合；而轴向柱塞马达结构紧凑，应用速度范围较广，但只能用于特定的低速大扭矩负载，有时仍需设置变速机构。

c. 液压马达优、缺点。

液压传动与机械传动、电气传动相比具有以下主要优点：在同等功率情况下，液压元件体积小、质量轻、结构紧凑。例如同功率液压马达的质量约只有电动机的 1/6 左右；液压传动的各种元件，可根据需要方便、灵活地来布置；液压装置工作比较平稳，由于质量轻、惯性小、反应快，液压装置易于实现快速启动、制动和频繁的换向；操纵控制方便，可实现大范围的无级调速（调速范围达 2 000∶1），它还可以在运行的过程中进行调速；一般采用矿物油为工作介质，相对运动面可自行润滑，使用寿命长；容易实现直线运动；既易实现机器的自动化，又易于实现过载保护，当采用电液联合控制甚至计算机控制后，可实现大负载、高精度、远程自动控制。液压元件实现了标准化、系列化、通用化，便于设计、制造和使用。

液压传动系统的主要缺点：液压传动不能保证严格的传动比，这是由于液压油的可压缩性；一般采用矿物油为工作介质，泄漏时容易污染环境。

d. 液压马达选择基本原则。

选择低速大扭矩液压马达必须考虑以下几点：启动扭矩与压力之间的函数关系；旋转扭矩与压力和速度之间的函数关系；最大工作压力和主要泄漏方式；操作速度范围和最小推荐速度以及负载下的速度变化情况；应用形式、所需寿命和负荷循环；在额定压力范围内，从零速到最大速度时的启动、运转和容积效率等方面的数值；油的黏度与温度；马达的工况（指扭矩或速度的变化）对其效率的影响。在理论上，马达的泄漏与系统中的压力成正比而与转速无关。工况变化时，马达的总效率等于同一工况下各分效率的乘积。

5. 传动的类型及选择

（1）传动的重要性。

在原动机和工作机之间必须加入传动装置，通过它来传递动力或改变运动形式和参数，这是因为：

① 工作机所要求的速度通常和原动机的额定速度不一致，需要减速或增速（大多数情况下要求减速）；

② 工作机需要根据生产要求进行速度调节，而原动机通常只以一种恒定的额定转速运转，如果通过改变原动机的速度来满足工作机的变速要求，往往经济成本较高。对于某些类型的原动机无法通过其本身变速来满足工作机的生产工艺要求；

③ 原动机的运动形式比较单一，比如通常只能做匀速转动，而工作机的运动形式由生产的工艺要求而定，它们是多种多样的，如直线运动、往复摆动、螺旋运动等；

④ 在单机集中驱动时，需要一台原动机来带动若干不同速度大小、不同运动形式的工作机（或执行机构）；

⑤ 为了工作安全及维修方便，或因机器的外廓尺寸受到安装空间、运输条件的限制等其他原因必须把原动机和工作机分成两个部件，而它们中间则由传动装置来连接。

（2）传动的分类。

传动的分类方法很多，可按工作原理、传动比变化及传动输出速度变化情况来分类，按工作原理分类见附录 4。

（3）传动类型的选择。

① 传动类型选择的原则：

a. 对于大功率传动，应优先选用高效率的传动，以节约能源；

b. 当工作机要求与原动机同步时，不宜采用摩擦传动，而应采用无滑动的传动装置（如啮合传动）；

c. 传动装置应尽可能采用标准化、系列化产品，便于互换从而降低初始和维修费用；

d. 当载荷变化频繁，而且可能出现过载时，不宜采用啮合传动而采用摩擦传动、流体传动，或在传动装置中配备过载保护设施；

e. 为了降低初始费用，在满足使用要求前提下，尽可能选择结构简单的传动装置，即简化和缩短传动链；

f. 若原动机的调速比能与工作机的变速要求相适应时，可直接连接或采用定传动比的传动装置；当工作机要求的变速范围大，原动机的调速措施不能满足其机械特性和经济要求时，应采用变传动比的传动。通常从降低成本角度出发尽量采用有级变速，只有工作机的运动需要连续变速时，才选用无级变速传动。此外，在传动装置中传动比的分配应合理。

② 各类传动的特点和应用见表 4.1。

③ 机械传动效率见表 4.1。

6. 思考题

实现工作机的往复运动，原动机和传动装置应该怎么选？给出 2～3 种方案，画出机构运动简图，进行一下比较分析。

4.4.3 典型机械及典型零部件的拆装

1. 实验目的

（1）使学生进一步了解各种机构是采用什么结构形式实现的？

（2）各个零部件间的位置关系如何？为清楚可见，只有拆开了解其内部结构；

（3）使学生了解机械的拆装顺序及装配调整的方法。

2. 实验设备

（1）启动及提升装置如图 4.27 所示。

图 4.27　启动及提升装置

（2）典型零部件的拆装如图 4.28 所示。

图 4.28　典型零部件的拆装

（3）步进输送机的拆卸与安装，如图 4.18 所示。

3. 实验内容

（1）启动及提升装置的拆卸与安装。

启动及提升装置由两个气缸分别驱动工件托盘上下运动及 90°角旋转，如图 4.27 所示，该装置主要由控制阀、气缸、齿轮齿条和立柱组成。

通过拆装及调试的过程，进一步了解实现提升和转位的原动机和传动装置，熟悉气缸和齿轮齿条的安装，为后续实验打下基础。

注意事项：本装置能够实现转位和提升动作，在装配时注意齿轮齿条安装，在极限位置时齿轮要空出 2 个齿。调整限位螺栓使转位能够达到 90°。

（2）典型零部件的拆装。

如图 4.28 所示为小型拆装用实验装置，包括凸轮机构、冲压机构、四杆机构、立体槽轮机构等，这些典型零部件是 4.4.2 节典型机器的运动方案分析中用到的机械中重要机构，通过拆装使学生进一步熟悉常用机构的组成及零部件的装配关系。

（3）步进输送机的拆卸与安装。

步进输送机的工作原理、实验内容、实验注意事项参见 4.3.5 节和 4.3.6 节。

4. 思考题

（1）通过上面三部分的拆装，你学到了些什么？哪部分的结构是在理论课学习中没考虑过的？

（2）通过装配过程，你认为哪部分是需要调整的？调整的原因是什么？实际生产装配中需要调整吗？调整什么？

4.4.4　实现往复运动的机械运动方案的实物搭建及分析

1. 实验目的

（1）　学生按照自己的设计，完成实物搭建。

（2）　熟悉机械运动的各个单元间是如何连接的？

（3）　熟悉各类原动机及其驱动方式。

（4）　能够按照电路图，完成电路的搭接。

2. 实验设备

（1）原动机包括：交流电动机、直流电动机、步进电动机、气缸和液压缸。

（2）传动装置包括：曲柄滑块、二级展开式圆柱齿轮减速器、齿轮齿条、一级蜗杆减速器。

（3）工作机：步进输送机。

（4）各个原动机的驱动模块。

（5）光电传感器。

3. 实验内容

按照提供的实物，结合自身的设计，在实验平台上进行实物的搭建与调试，可以参考附录5。

方案一：交流电动机（自带同轴减速器）+齿轮减速器+曲柄滑块，如图4.29所示，交流电机的控制电路如图4.30所示。

图4.29　方案一

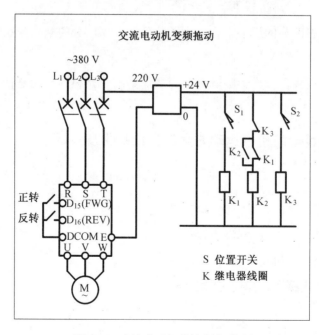

图4.30　交流电动机的控制电路图

方案二：直流电动机（自带同轴减速器）+齿轮减速器+曲柄滑块，如图4.31所示，直流电动机的控制电路如图4.32所示。

图 4.31　方案二

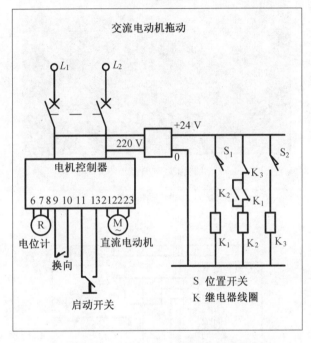

图 4.32　直流电动机的控制电路图

方案三：直流电动机（自带同轴减速器）+齿轮减速器+齿轮齿条，如图 4.33 所示。

图 4.33　方案三

方案四：交流电动机（自带同轴减速器）+齿轮减速器+齿轮齿条，如图 4.34 所示。

图 4.34　方案四

方案五：步进电动机（带行星齿轮减速器）+齿轮齿条，如图 4.35 所示，步进电动机的控制电路如图 4.36 所示。

图 4.35　方案五

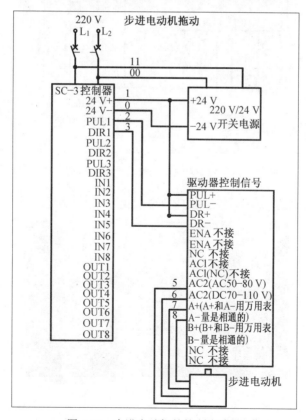

图 4.36　步进电动机的控制电路图

方案六：气缸驱动，如图 4.37 所示，气动拖动电路如图 4.38 所示。

图 4.37　方案六

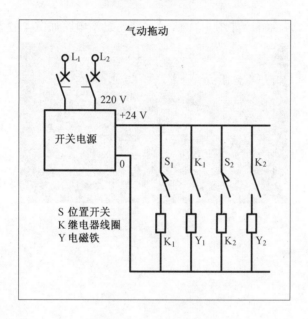

图 4.38　气动拖动电路图

方案七：直流电动机（自带同轴减速器）+蜗杆减速器+齿轮齿条，如图 4.39 所示。

图 4.39　方案七

方案八：交流电动机（自带同轴减速器）+蜗杆减速器+齿轮齿条，如图 4.40 所示。

图 4.40　方案八

方案九：液压泵站+油缸，如图 4.41 所示，液压泵站电路如图 4.42 所示。

图 4.41　方案九

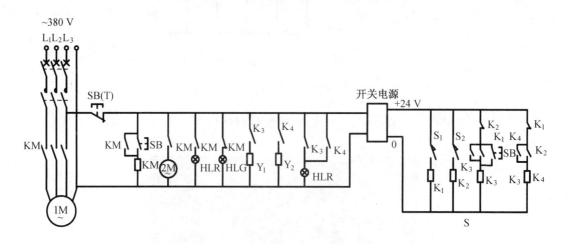

图 4.42　液压泵站电路图

4. 实验注意事项

（1）安装前弄清楚各个单元之间的连接方式，合理安装。

（2）注意安全，启动机器前，要经过指导教师检查。

（3）智能型步进电动机控制器面板中，按两下黑色方框是清零，按一下箭头就是启动，如图 4.43 所示。

图 4.43　智能型步进电动机控制器

（4）方案三安装时，齿轮在齿条的中间，接上限位开关，慢速进行调试，确保齿轮到极限位置后，可以实现反向旋转。

（5）方案五装配完成后，检查齿条运动是否正常，电动机轴中心线是否与齿条端面垂直。初始位置齿轮安装时使齿条的右侧留出 2 个齿的位置，现在设定的是 5 个循环。学生读懂说明书后，可以自行设定。

5. 思考题

（1）利用已有的原动机、传动装置和工作机，除了上述九种方案以外，你还可以组装成哪种方案？

（2）利用已有的原动机、传动装置和工作机，进行少量的改动，或者增加少量的零部件，你还可以组装成哪种方案？

（3）把你完成的方案，以及做少量改动后实现的方案，进行一下对比分析。

4.4.5　实验报告内容

（1）工作机实现同一运动时，画出两种方案的机构运动简图。

（2）画出（1）中的一种典型结构。

（3）在综合实验台上，完成实景录像，要有讲解，要有后期制作，同组人合成一个视频，加上片头和片尾。

（4）最后一次课采用 PPT 的形式，讲解原动机的工作原理及驱动方式。

附 录

附录1 基圆齿距 $p_b=\pi m\cos\alpha$ 的数值

基圆齿距 $p_b=\pi m\cos\alpha$ 的数值见附表1。

附表1　基圆齿距 $p_b=\pi m\cos\alpha$ 的数值

模数	径节	$p_b=\pi m\cos\alpha$			
m	D_p	$\alpha=22\frac{1}{2}^{\circ}$	$\alpha=20^{\circ}$	$\alpha=15^{\circ}$	$\alpha=14\frac{1}{2}^{\circ}$
	25.400	2.902	2.952	3.053	3.041
1.25	20.320	3.682	3.690	3.793	3.817
1.5	16.933 3	4.354	4.428	4.552	4.625
1.75	14.514 3	5.079	5.166	5.310	5.323
2	12.700	5.805	5.904	6.096	6.080
2.25	11.288 9	6.530	6.642	6.828	6.843
2.5	10.160 0	7.256	7.380	7.586	7.604
2.75	9.236 4	7.982	8.118	8.345	8.363
3	8.466 7	8.707	8.856	9.104	9.125
3.25	7.815 4	9.433	9.594	9.862	9.885
3.5	7.257 1	10.159	10.332	10.621	10.645
3.75	6.773 3	10.884	11.071	11.379	11.406
4	6.350	11.610	11.808	12.138	12.166
4.5	5.644 4	13.061	13.285	13.655	13.687
5	5.080	14.512	14.761	15.173	15.208
5.5	4.618 2	15.963	16.237	16.690	16.728
6	4.233 3	17.415	17.731	18.207	18.249
6.5	3.907 7	18.866	19.189	19.724	19.770

续附表 1

模数	径节	$p_b=\pi m\cos\alpha$			
m	D_p	$\alpha=22\frac{1}{2}^\circ$	$\alpha=20^\circ$	$\alpha=15^\circ$	$\alpha=14\frac{1}{2}^\circ$
7	3.628 6	20.317	20.665	21.242	21.291
8	3.175 0	23.220	23.617	24.276	24.332
9	2.822 2	26.122	26.569	27.311	27.374
10	2.540	29.024	29.521	30.345	30.415
11	2.309 1	31.927	32.473	33.380	33.457
12	2.116 7	34.829	35.426	36.414	36.498
13	1.953 8	37.732	38.378	39.449	39.540
14	1.814 3	40.634	41.330	42.484	42.518
15	1.693 3	43.537	44.282	45.518	45.632
16	1.587 5	46.439	47.234	48.553	48.665
18	1.411 1	52.244	53.138	54.622	54.748
20	1.270	58.049	59.043	60.691	60.831
22	1.154 5	63.854	64.947	66.760	66.914
25	1.016	72.561	73.803	75.864	76.038
28	0.907 15	81.278	82.660	84.968	85.162
30	0.846 67	87.07	88.564	91.04	91.25
33	0.769 6	95.787	97.419	100.14	100.371
36	0.651 26	104.487	106.278	109.242	109.494
40	0.635 0	116.098	118.086	121.38	121.66
45	0.564 44	130.61	132.85	136.55	136.87
50	0.508 0	145.12	1447.61	151.73	152.08

附录 2　仿真实验开发环境和系统界面使用说明

1. 仿真实验开发环境说明

（1）运行环境推荐使用：Windows 2000、IE5.0，安装 VRML 浏览器（Cortona VRML Client 4.2），并启用系统 Direct3D 加速（具体请参见 Windows 2000 帮助中"DirectX 疑难解答"的"DirectX 诊断工具"）。

（2）仿真实验开发说明：本系统利用虚拟现实建模语言 VRML（Virtual Reality Modeling Language）建立零件三维实体模型、虚拟实验室环境以及场景交互控件，通过 ActiveX 控件技术将 VRML 浏览器嵌入到网页中，并运用客户端脚本语言 Javascript 实现表单元素（文本框、单选钮等）与 VRML 的交互。

2. 仿真实验系统使用说明

仿真实验系统分两大部分：步进送料机虚拟拆装和轴系零部件虚拟设计，两部分界面及系统功能不尽相同，下面逐一说明。

（1）步进输送机轴系零部件虚拟拆装。

附图 1 为步进输送机轴系零部件虚拟拆装界面，与设计实验界面不同的是场景控件，除了缩放控件外，又增加了步骤和进程控件，用来控制拆卸过程。

附图 1　步进输送机轴系零部件虚拟拆装界面

1—场景缩放控件；2—拆装进度控件；3—拆装步骤控件；4—实验说明

控件颜色说明：

绿色——控件可用；**淡灰色**——控件不可用；**红色**——实验进行中。

在实验说明界面中具体列出每一步骤拆卸零件清单，并介绍零件结构类型，以及实验相关事项。

（2）轴系零部件虚拟设计界面。

附图 2 为轴系零部件虚拟设计界面。

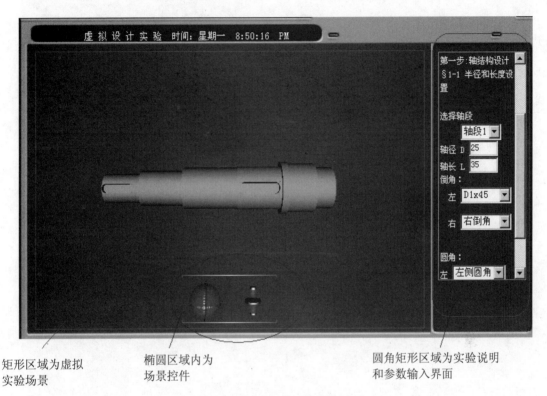

附图 2　轴系零部件虚拟设计界面

设计系统界面可分为两大部分：左侧虚拟实验场景（附图 2 中矩形区域）和右侧实验说明及参数输入界面（附图 2 中圆角矩形区域），其中左侧虚拟实验场景下方为场景控件（附图 2 中椭圆区域）。虚拟实验场景是展示零件三维造型的主要界面，参数输入界面则是改变零部件形状、结构的平台。用户在输入界面通过表单元素（文本域、单选框）修改零件结构参数，在实验场景界面可实时观察到改变后的零件造型。实验场景界面显示比例大小和方位视角是由开发人员预先设定的，可能并不能满足用户需要。而这时场景控件则发挥关键作用，场景控件用来控制显示比例和视角，便于用户更细致的观察零件结构造型。

场景控件的使用说明：将鼠标置于控件上，当鼠标指针变为小手形状时，控件处于激活状态，拖动鼠标可改变场景显示比例的视角。

（3）注意事项。

① 请务必安装 VRML 浏览器，否则无法运行本系统。

② 由于本系统运算在客户浏览器端执行，且同时需要生成场景并显示场景，因此计算量大，推荐用户提高机器性能，否则运行速度较慢，显示效果差。

附录3　常用电动机的结构特征、优缺点及应用范围

常用电动机的结构特征、优缺点及应用范围见附表2。

附表2　常用电动机的结构特征、优缺点及应用范围

类型	名称	结构特征	优缺点及应用范围
一般异步电动机	Y 系列三相异步电动机	该系列电机能防止水滴、灰尘、铁屑或其他杂物浸入电机内部，是节能型电动机	运行可靠、寿命长、使用维护方便、性能优良、体积小、质量轻、转动惯量小、用料省等。适用于不含易燃、易爆或腐蚀性气体的场所和无特殊要求的机械上，例如：金属切削机床、水泵、鼓风机、运输机械、矿山机械、搅拌机、农业机械和食品机械等
	YZ、YZR 系列起重及冶金三相异步电动机	采用封闭式或外部风冷结构	具有较高的机械强度及过载能力，能承受经常的机械冲击及振动，转动惯量小，过载能力大，适用于经常快速起动及逆转、电气及机械制动的场合，还适用于有过负荷、有显著振动和冲击的设备，例如：各种形式的起重、牵引机械及冶金设备的电力拖动
变速异步电动机	YD 系列变级多速三相异步电动机	是取代 JD02 系列变级多速三相异步电动机的更新换代产品，其机械结构与 Y 系列相同	具有双速、三速、四速 3 种调整范围，转速可逐级调节，异步及多速、三相异步电动机更适用于各式万能和专用金属切削机床、木工机床以及起重传动设备等需要多级调速传动的装置，还可驱动高频发电机，借以改变高频电动机的转速
防爆异步电动机	YB、JAO$_2$ 系列防爆三相异步电动机	结构与 Y 系列相似，为了满足防爆，适当加固	具有运行可靠、使用安全、寿命长、维修方便、性能优良、质量轻、体积小、转动惯量小和用料省等优点，适用于具有爆炸危险性混合物的场所
电磁调速三相异步电动机	YCD 电磁调速三相异步电动机	有组合式和整体式两种结构。这两种调速电动机均为防护式，空气自冷，卧式安装，且无碳刷、集电环等滑动接触部件	具有结构简单、可靠，速度调节均匀平滑，无失控区，使用维护方便等优点。对于起动力矩高、惯性大的负载有缓冲起动的作用，同时具有防止过载等保护作用。适用于恒转矩负载的速度调节和张力控制的场合，更适合于鼓风机和泵类负载场合。它广泛用于纺织、印染、水泥、造纸、印刷、食品、冶金、橡胶、塑料、制糖、搅拌、鼓风、水泵、纤维、线缆等工业部门，作为动力、传输、自控用
直流电动机	Z4 系列直流电动机	采用多角形结构，空间利用率高。定子磁轭为迭片式，磁极安装有精确定位，因而换向良好	具有运行可靠、技术经济指标较高、用料省、体积小、质量轻、性能好、工艺先进合理等优点，广泛用于金属切削机床和造纸、水泥、钢铁、染织等部门

续附表 2

类型	名称	结构特征	优缺点及应用范围
伺服电动机	交流伺服电动机、直流伺服电动机	在定子上有两个相空间位移 90°角的励磁绕组 Wf 和控制绕组 WcoWf 接一恒定交流电压，利用施加到 Wc 上的交流电压或相位的变化，达到控制电动机运行的目的	伺服电动机的运行速度范围较大，有利于速度差异较大的运行；其输出转矩于额定速度内保持恒定，优于步进电动机的特性，伺服电动机的响应性能是步进电动机无法比拟的，它可以快速地加速或减速，从而缩短加/减速的时间。因此，较大型机构需要较长时间运行时，采用伺服电动机较为合适。交流伺服电动机具有运行稳定、可控性好、响应快速、灵敏度高以及机械特性和调节特性的非线性度指标严格（要求分别小于 10%~15% 和小于 15%~25%）等特点，输出功率一般为 0.1~100 W，电源频率分为 50 Hz、400 Hz 等多种。它的应用很广泛，如应用在各种自动控制、自动记录等系统中；直流伺服电动机的工作原理与一般直流电动机相同，通常应用于功率较大的系统中
减速电动机	大功率齿轮、同轴式斜齿轮、YCJ 系列齿轮减速电动机	减速机和电动机（马达）的集成体	不会产生滑落现象，减速比极为准确；传动比分级精细，选择范围广，范围 $i=2~28\,800$；能耗低，性能优越，减速器效率高达 96%，振动小，噪声低；通用性强，使用维护方便，维护成本低，特别是生产线，只需备用内部几个传动件即可保证整线正常生产的维修保养。广泛应用于冶金、矿山、起重、运输、水泥、建筑、化工、纺织、印染、制药、医疗、美容、保健按摩、办公用品等各种通用机械设备的减速传动机构。使用减速电动机的优点是简化设计、节省空间

附录 4　机械传动的分类

机械传动的分类见附表 3。

附表 3　机械传动的分类

传动类型			说明
摩擦传动	摩擦轮传动（直接接触）		圆柱形、槽形、圆锥形、圆柱圆盘形
	挠性摩擦传动（靠中间挠性件）		带传动：V 带（普通带、窄形带、大楔角带、特殊用途带），平型带，多楔带，圆形带。 绳及钢丝绳传动
	摩擦式无级变速传动		定轴的（无中间体的、有中间体的）。 动轴的。 有挠性元件的
啮合传动和推动	齿轮传动	圆柱齿轮传动	啮合形式：内、外啮合，齿条。 齿形曲线：渐开线，单、双圆弧，摆线。 齿向曲线：直齿，螺旋（斜）齿，曲线齿
		圆锥齿轮传动	啮合形式：内、外啮合，平顶及平面齿轮。 齿形曲线：渐开线，单、双圆弧。 齿向曲线：直齿，斜齿，弧线齿及曲线齿
		行星轮系	渐开线齿轮行星传动（单自由度、多自由度）。 摆线针轮行星传动。 谐波传动（三角形齿、渐开线齿）
		非圆齿轮传动	可实现主、从动轴间传动比按周期性变化的函数关系
	蜗杆传动	圆柱蜗杆传动	按形成原理： 直纹面（普通）圆柱蜗杆传动（阿基米德、渐开线、延伸渐开线）。 曲纹面圆柱蜗杆传动（轴面、法面圆弧齿，锥面、环面包络的圆柱蜗杆）
		环面蜗杆传动	二次包络蜗杆传动（直纹齿、曲纹齿）
		锥蜗杆	一次包络蜗杆传动（平面齿蜗轮、曲纹齿）
	挠性啮合传动（靠中间挠性构件）		链传动：套筒滚子链，套筒链，弯板链，齿形链。 带传动：同步齿形带。 摩擦形式：滑动，滚动，静压
	螺旋传动		头数：单头，多头
	连杆机构 凸轮机构 组合机构		曲柄摇杆机构（包括脉动无级变速器），双曲柄机构，曲柄滑块机构，曲柄导杆机构，直动和摆动从动杆，反凸轮机构，凸轮式无级变速器齿轮连杆，齿轮凸轮，凸轮连杆，液压连杆机构

附录 5　机械运动方案设计综合训练软件简介

　　双击图标⊙打开界面如附图 3 所示，点开"概述"的下拉菜单，是实现往复运动的原动机的基础知识；点开"机构运动简图"的下拉菜单，有 5 种实现往复运动的机构运动简图；点开"视频"的下拉菜单，有 5 种对应机构运动简图的三维动画；点开"学生创新空间"的下拉菜单，是学生的创新界面，通过 word 文档可以把你的创新结果输入。

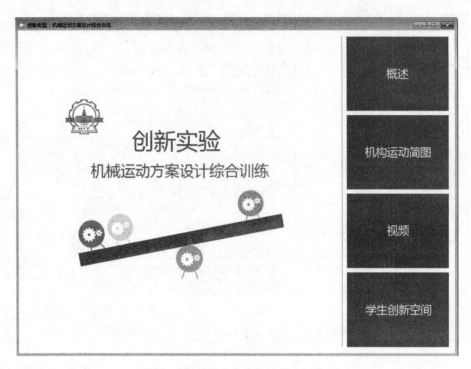

附图 3　机械运动方案设计综合训练界面

参 考 文 献

[1] 邓宗全，于红英，王知行. 机械原理[M]. 3 版. 北京：高等教育出版社，2015.

[2] 张锋，宋宝玉，王黎钦. 机械设计[M]. 2 版. 北京：高等教育出版社，2017.

[3] 王黎钦，陈铁鸣. 机械设计[M]. 6 版. 哈尔滨：哈尔滨工业大学出版社，2016.

[4] 张锋，古乐. 机械设计课程设计[M]. 5 版. 哈尔滨：哈尔滨工业大学出版社，2014.

[5] 宋宝玉. 机械设计课程设计指导书[M]. 2 版. 北京：高等教育出版社，2016.

[6] 陈明. 机械原理课程设计指导书[M]. 武汉：华中科技大学出版社，2014.

[7] 宋宝玉. 简明机械设计课程设计图册[M]. 2 版. 北京：高等教育出版社，2013.

[8] 高为国，朱理. 机械基础实验[M]. 武汉：华中科技大学出版社，2006.

[9] 朱文坚，何军，李孟仁. 机械基础实验教程[M]. 2 版. 北京：科学出版社，2007.

[10] 钱向勇. 机械原理与机械设计实验指导书[M]. 杭州：浙江大学出版社，2005.

[11] 陈国发. 机械工程设计基础实训[M]. 北京：机械工业出版社，2005.

[12] 王利华. 机械设计实践教程[M]. 武汉：华中科技大学出版社，2012.

[13] 宋立权. 机械基础实验[M]. 北京：机械工业出版社，2005.

[14] 陆天炜. 机械设计实验教程[M]. 成都：西南交通大学出版社，2007.

[15] 管伯良. 机械基础实验[M]. 上海：东华大学出版社，2005.

[16] 朱振杰，毕文波. 机械原理与机械设计实验指导书[M]. 武汉：华中科技大学出版社，2012.